“十二五”普通高等教育本科国家级规划教材

第8版

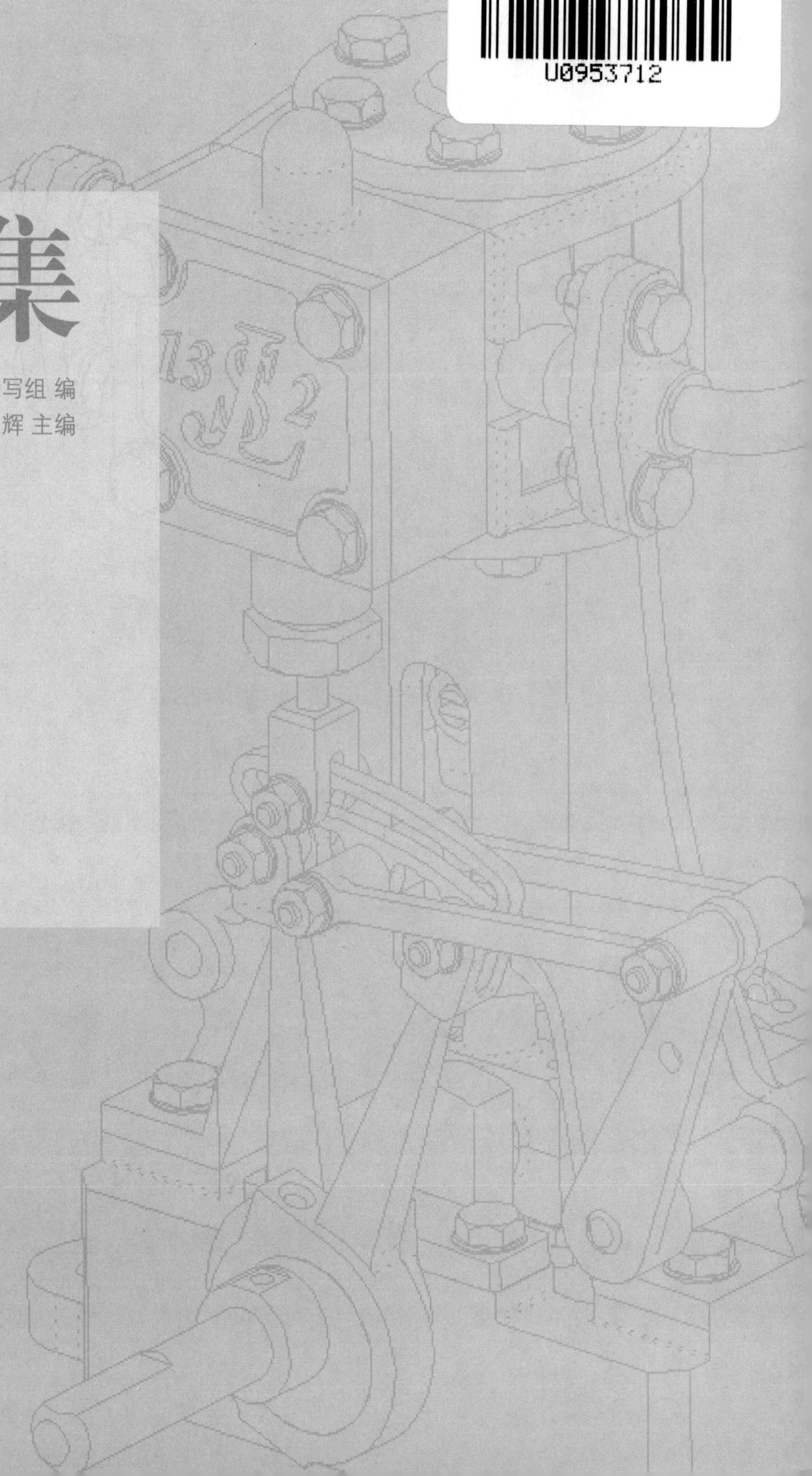

机械制图习题集

同济大学、上海交通大学等院校《机械制图》编写组 编
钱可强 何铭新 徐祖茂 卜王辉 主编

中国教育出版传媒集团
高等教育出版社·北京

内容提要

本习题集与同济大学、上海交通大学等院校《机械制图》编写组编，何铭新、钱可强、徐祖茂、卜王辉主编的《机械制图》(第 8 版) 教材 (以下简称主教材) 配套使用。本套教材是“十二五”普通高等教育本科国家级规划教材。

本习题集是在 2015 年出版的第 7 版的基础上，根据教育部高等学校工程图学课程教学指导分委员会 2019 年制订的《高等学校工程图学课程教学基本要求》，兄弟院校使用本习题集第 7 版的反馈信息，近年来修订发布的有关机械制图的国家标准，当前本课程教学改革的趋向，以及主教材第 8 版修订的。本习题集的编排顺序与主教材一致。考虑到机械类、近机械类专业本课程有多种类型和不同学时，本习题集的习题和作业有一定余量，各高等学校可参照教学基本要求，按教学大纲选取所需内容。

本习题集可作为普通高等学校机械类、近机械类各专业的教材，也可供其他类型学校有关专业选用。与本习题配套的《机械制图习题解答》多媒体课件也作了相应的修订，以供广大读者使用。

图书在版编目（CIP）数据

机械制图习题集 / 钱可强等主编；同济大学、上海交通大学等院校《机械制图》编写组编．--8 版．北京：高等教育出版社，2025．8． --ISBN 978-7-04-064898-0

Ⅰ．TH126-44

中国国家版本馆 CIP 数据核字第 2025RJ7241 号

Jixie Zhitu Xitiji

策划编辑　肖银玲　李文婷　　责任编辑　肖银玲　　封面设计　李小璐　　版式设计　曹鑫怡
责任绘图　邓　超　　责任校对　刘丽娴　　责任印制　存　怡

出版发行	高等教育出版社	网　　址	http://www.hep.edu.cn
社　　址	北京市西城区德外大街 4 号		http://www.hep.com.cn
邮政编码	100120	网上订购	http://www.hepmall.com.cn
印　　刷	保定市中画美凯印刷有限公司		http://www.hepmall.com
开　　本	787mm × 1092mm　1/8		http://www.hepmall.cn
印　　张	16.5	版　　次	1978 年 4 月第 1 版
字　　数	210千字		2025 年 8 月第 8 版
购书热线	010-58581118	印　　次	2025 年 8 月第 1 次印刷
咨询电话	400-810-0598	定　　价	35.00元

本书如有缺页、倒页、脱页等质量问题，请到所购图书销售部门联系调换

物 料 号　64898-00

第 8 版前言

本习题集是“十二五”普通高等教育本科国家级规划教材，与同济大学、上海交通大学等院校《机械制图》编写组编，何铭新、钱可强、徐祖茂、卜王辉主编的《机械制图》（第 8 版）教材配套使用，适用于高等学校机械类、近机械类各专业，也可供其他类型学校有关专业选用。

本习题集是在 2015 年出版的第 7 版的基础上，根据教育部高等学校工程图学课程教学指导分委员会 2019 年制订的《高等学校工程图学课程教学基本要求》，兄弟院校使用本习题集第 7 版的反馈信息，近年来修订发布的有关机械制图的国家标准，当前本课程教学改革的趋向，以及主教材第 8 版而修订的。与本习题集配套的《机械制图习题解答》课件也作了相应修订，可供选用。部分习题配有解题过程视频，扫描二维码可查看。

本习题集继承了第 7 版的基本内容和构架，加 * 号的题目难度较高，主要用来拓展深入，可作为选学内容。本版所作的调整和使用建议简要说明如下：

（1）在本课程的教学中，应继续适当加强计算机上机操作的能力和徒手绘图的技能，教师可在本习题集中按需指定若干习题、作业，要求学生用计算机绘制或徒手绘制草图。新增了第二章 AutoCAD 的习题页，同时第一章中的部分习题和作业可以用作第二章 AutoCAD 上机操作的内容。在其他各章中有关 AutoCAD 的习题与手工绘图共用的题目，在题目中有说明。

（2）因主教材新增了第十二章 Inventor 三维设计软件，所以新增了一页习题，为了减少篇幅，节约资源，其中大部分内容利用前几章的题目。

（3）由于主教材对第五、八章的章名调整，所以本习题集也相应地对该章的章名作了调整。

（4）除了上述各点外，对习题集的其他内容也适当作了一些理顺、调整和勘误的工作，并按最近修订发布的国家标准作了修正和更新。

受高等教育出版社委托，北京邮电大学徐晓慧教授审阅了本习题集，并提出了许多宝贵意见，在此表示衷心的感谢。

本习题集由钱可强、何铭新、徐祖茂、卜王辉主编。参加本习题集与配套课件《机械制图习题与解答》修订工作的有同济大学钱可强、何铭新、徐祖茂、卜王辉和李怀健等。

由于水平有限，选编的习题与作业难免存在不足和疏漏之处，恳请使用本习题集的读者批评指正，联系邮箱 xuzumao@tongji.edu.cn。

编　者

2025 年 3 月

目　　录

字体练习（一）

班级　　姓名　　审核　　1a

按教材图1-5a示例书写阿拉伯数字

按教材图1-5b示例书写大写拉丁字母

按教材图1-5c示例书写小写拉丁字母

按教材图1-5d示例书写罗马数字

字体练习（二）

班级　　姓名　　学号　　1b

按教材图1-5a示例书写阿拉伯数字

按教材图1-5b、c示例上行书写大写拉丁字母，下行书写小写拉丁字母

按示例书写汉字的基本笔画和汉字

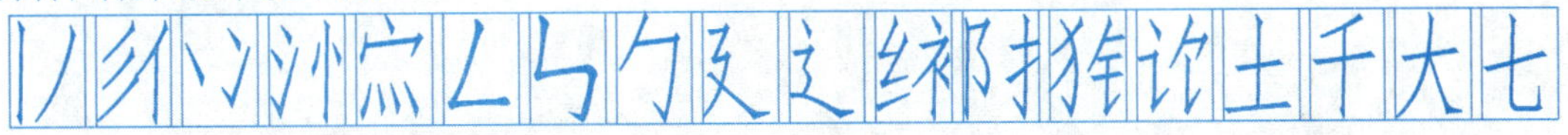

按示例书写汉字

化孔戈长逐忘务同写区因好说允约沉限角

字体练习（三）

班级　　姓名　　审核　　1c

按教材图1-5a、b、c示例书写阿拉伯数字、大写拉丁字母和小写拉丁字母

按示例书写汉字

大学院制图审核比例序号名称材料件数主俯左剖视断面

技术要求未注明圆角零装配钻沉孔深锥斜度热处理调质铸铁钢板青铜铝铬锌锰套筒

字体练习（四）

班级　　姓名　　审核　　1d

书写长仿宋体汉字

图线、比例、绘图仪器和制图工具的用法、尺寸注法、斜度和锥度

班级　　　　姓名　　　　学号

1. 在指定位置处，按示例画出各种图线和图形。

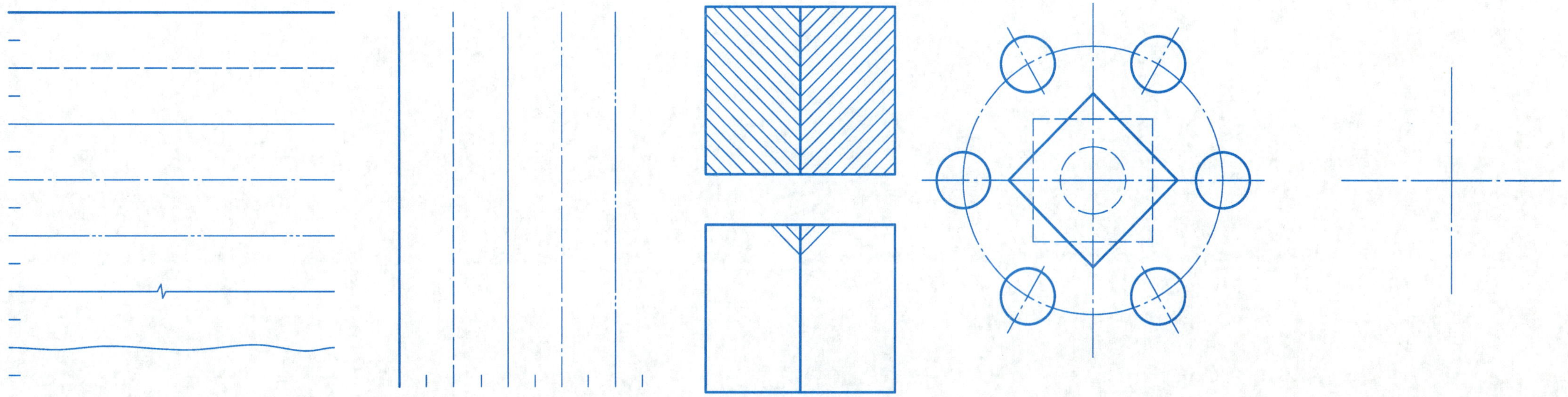

2. 用1∶2的比例在指定位置处画出所示图形，并标注尺寸。

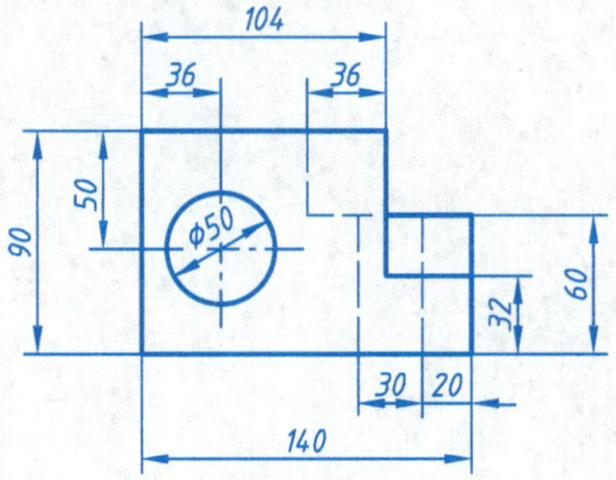

3. 用1∶4的比例在指定位置处画出所示图形，并标注尺寸。

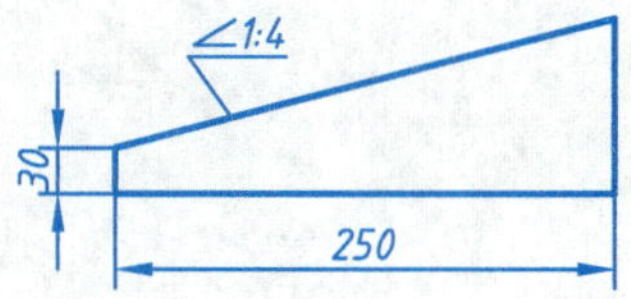

4. 用1∶1的比例在指定位置处画出所示图形，并标注尺寸。

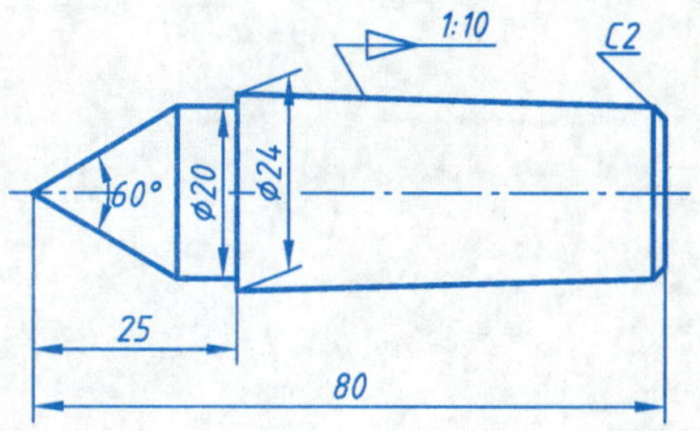

1. 已知正六边形和正五边形的外接圆，试用几何作图方法作出正六边形，用试分法作出正五边形，它们的底边都是水平线。

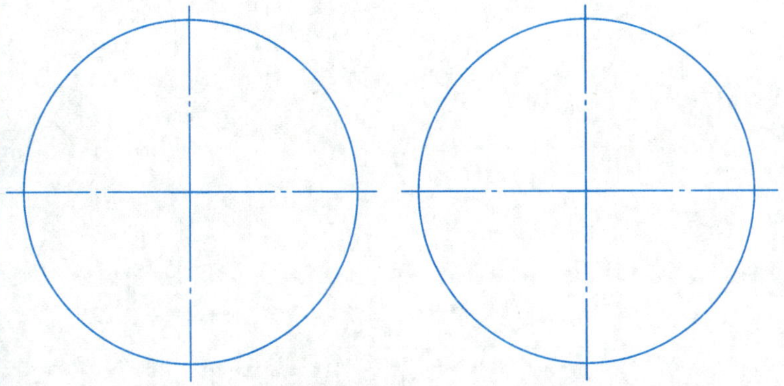

2. 用同心圆法画椭圆（已知椭圆长、短轴分别为70 mm、45 mm）。

3. 在平面图形上标注尺寸，数值在图中量取（取整数）。

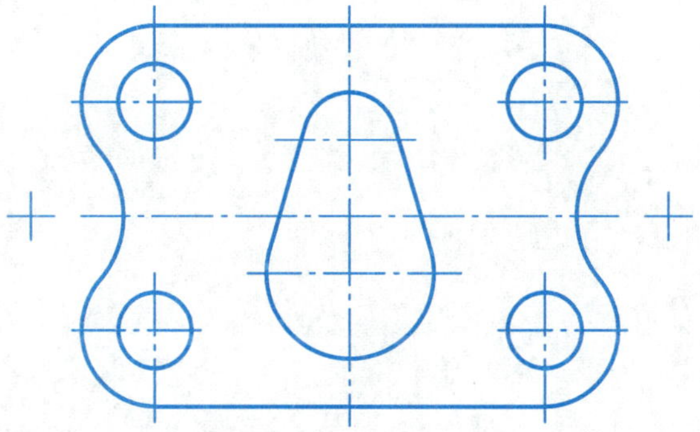

4. 在平面图形上量取后标注尺寸（取整数）。

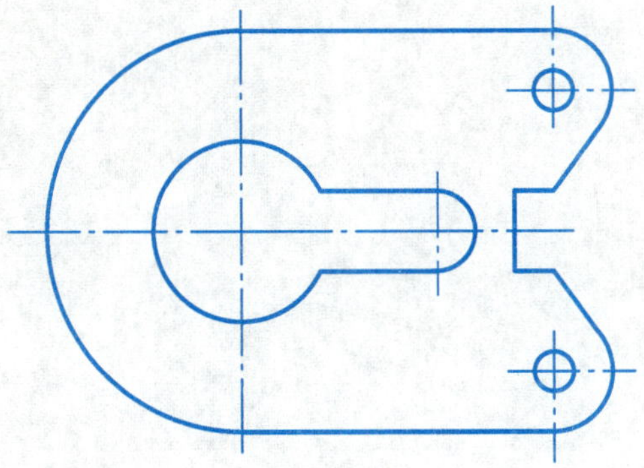

5. 参照左下方所示图形的尺寸，用1∶1的比例在指定位置处画全图形。

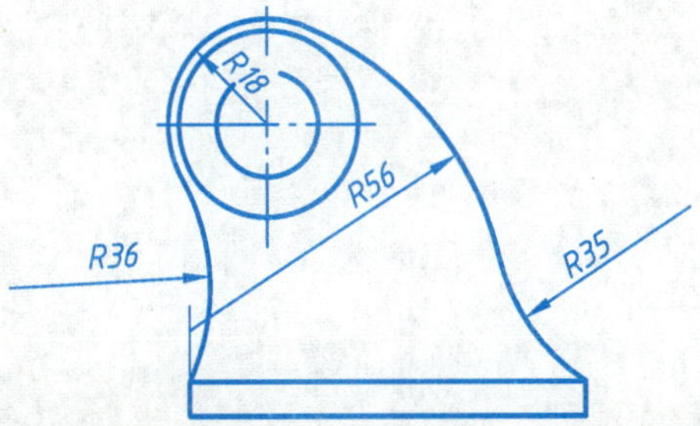

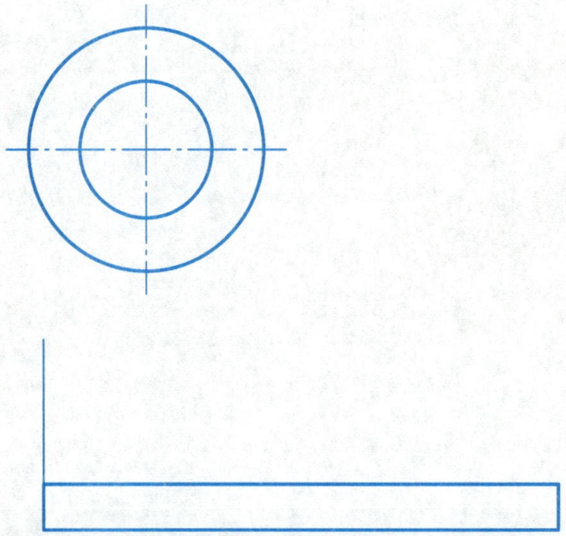

在A3图纸上用1∶1的比例抄绘两个图形

第一次制图作业——基本练习

一、目的、内容与要求

1. 目的、内容：初步掌握国家标准《技术制图》《机械制图》的有关内容，学会绘图仪器和工具的使用方法。抄绘下面两个图形：（1）线型（不注尺寸）；（2）起重钩（标注尺寸）。

2. 要求：图形正确，布置匀称；线型清晰，粗细分明；字体规范，尺寸完整；连接光滑，图面整洁。

二、图名、图幅、比例

1. 图名：基本练习。

2. 图幅：A3图纸。

3. 比例：1∶1。

三、绘图步骤及注意事项

1. 绘图前应对所画图形仔细分析研究，确定正确的作图步骤，特别要注意零件轮廓线上圆弧连接的各切点，圆心位置必须正确作出，在图面布置时还应考虑预留标注尺寸的位置。

2. 线型：粗实线宽度为0.7 mm，细虚线及细实线、细点画线宽度约为粗实线的1/2，即0.35 mm；细虚线画长约4 mm，间隔约1 mm；细点画线画长15～20 mm，两间隔加点的长度共约3 mm。

3. 字体：标题栏内的汉字均写长仿宋体，并按指定的字体大小先打格子，然后写字；图名及校名用10号字，图号写阿拉伯数字，用7号字；学生的姓名写在“制图”右侧的框格内，用5号字；在“比例”右侧的框格内，先画两条间距为5 mm的平行线，按本作业的规定写比例，如1∶1。图中尺寸数字用3.5号字，写数字前应先画两条间距为3.5 mm的细平行线，以保证尺寸数字高度一致。

4. 箭头：宽度约0.7 mm，长度不小于宽度的6倍。

5. 加深：完成底稿后，用铅笔加深前，必须进行仔细校核，如有错误或缺点，即时改正，然后清理图面，按规定线型加深。加深时，圆规的铅芯应比画直线的铅笔芯软一号，且应先加深圆弧，后加深直线。

（1）线型

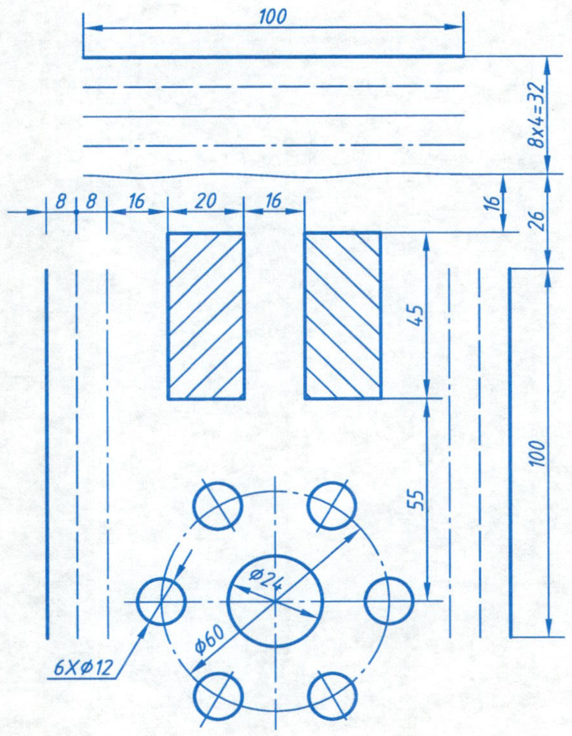

（2）起重钩

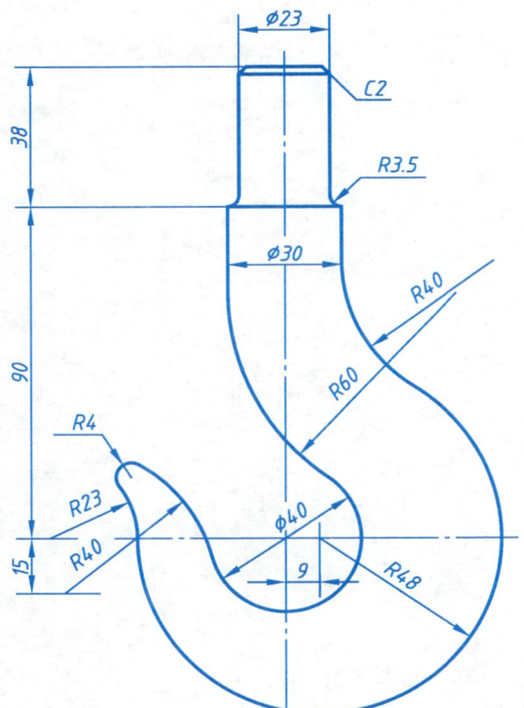

AutoCAD上机作业	班级	姓名	学号	5

1.

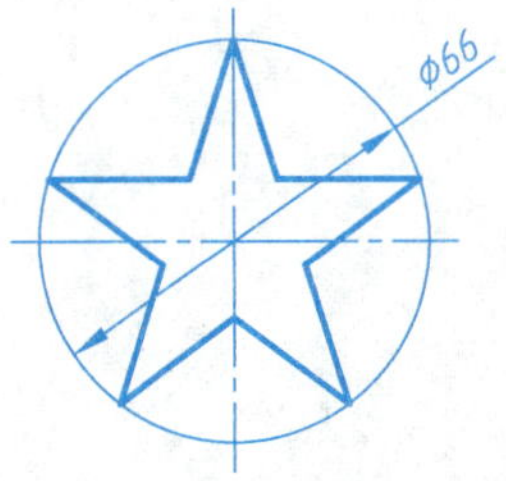

2.

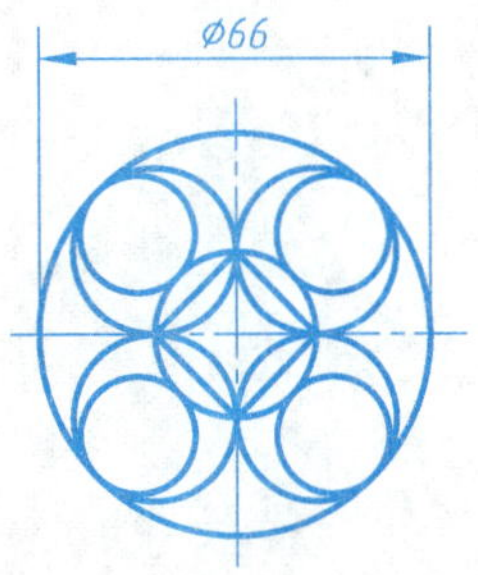

3.

4.

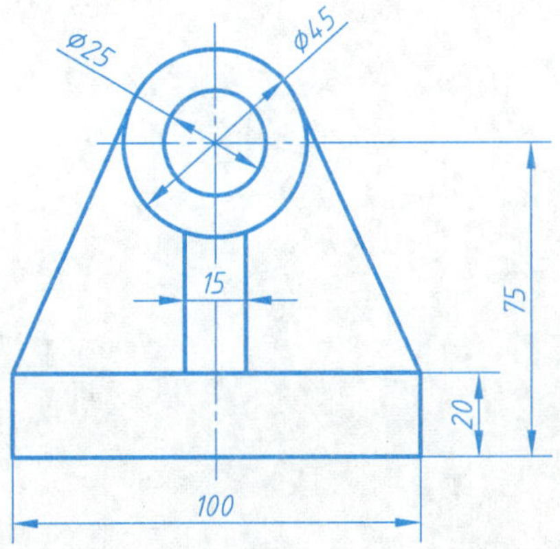

5.

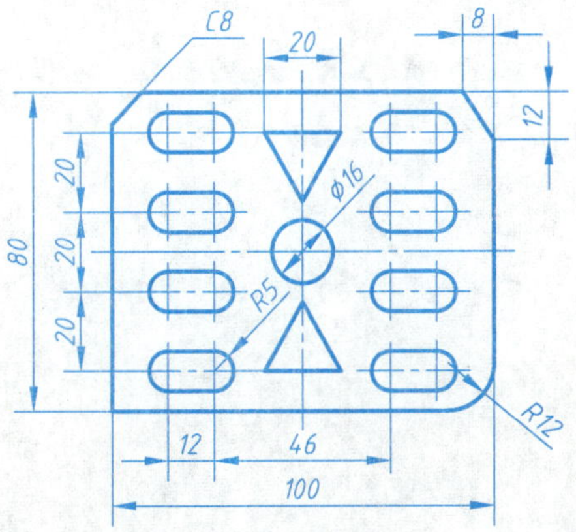

6.

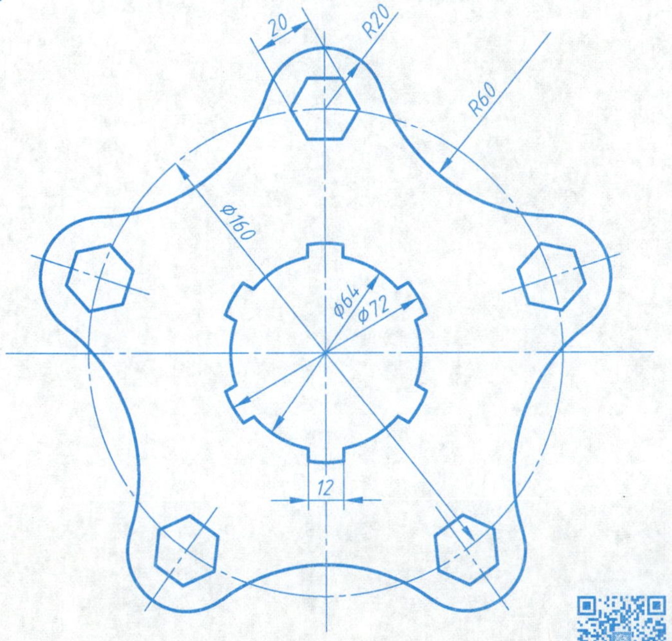

7.

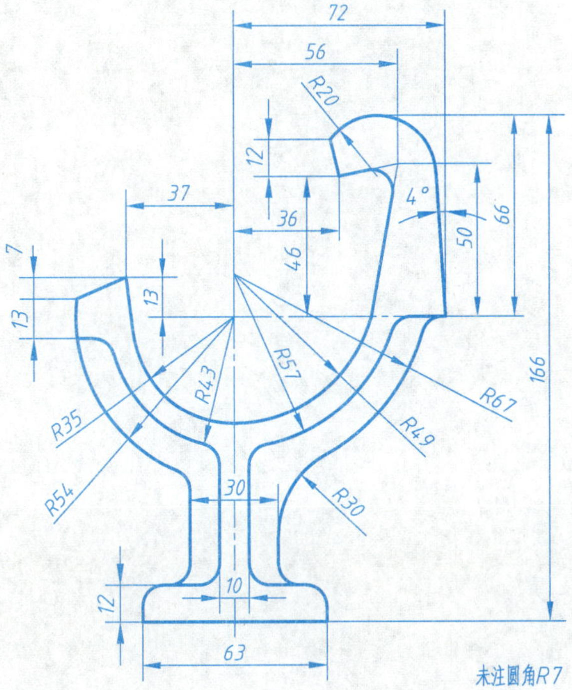

未注圆角R7

第一次上机练习

1.目的：初步掌握AutoCAD的基本操作,包括设置图层、图线的绘制和修改,设置尺寸样式、尺寸标注方法等。

2.内容：绘制第1~5题的图形,不标注尺寸。

第二次上机练习

1.目的：初步掌握AutoCAD的基本操作和平面图形绘制的基本方法。

2.内容：第6、7题和本习题集第4页中的“起重钩”三个图形中任选2个，需标注尺寸并绘制图框和标题栏。

3.要求：图形正确，布置适当，线型正确，尺寸完整，符合国标。

图名：AutoCAD练习

图号：CAD-1

图幅：A3图纸

比例：1∶1

4.注意事项

（1）绘图前先根据图形需要设置相应的图层，对所画图形仔细分析研究，画出图形的基准线（定位线），特别要注意图形上圆弧连接的作图方法与手工绘图的不同之处。

（2）线宽设置：粗实线宽度为0.5 mm，其他线宽设置为0.25 mm或默认。

（3）字体设置：文字样式设置时,SHX字体应选用“gbeitc.shx”，若选用大字体，字体设置为“gbcbig.shx”。

（4）标题栏可用“插入”命令将定制的样板图中的A3图框插入到当前文件中，根据弹窗中的提示填写标题栏内容,制图的一般性练习中“材料名称”可以不填,“设计”填写姓名，“制图”填写学号。

（5）完成绘图后，要将线宽显示出来。（操作提示：左键点击屏幕右下角形状为三条粗线的图标，会弹出列表，勾选“线宽”，此时在底部状态栏中就有线宽的图标，点击它，线宽就能显示了）。

（6）保存文件，文件名建议用“学号”“姓名”“图号”这三要素组成。

（7）定制的样板图可以从本习题集提供的资源中获取。

点的投影	班级	姓名	学号	6

1. 按立体图作诸点的两面投影。

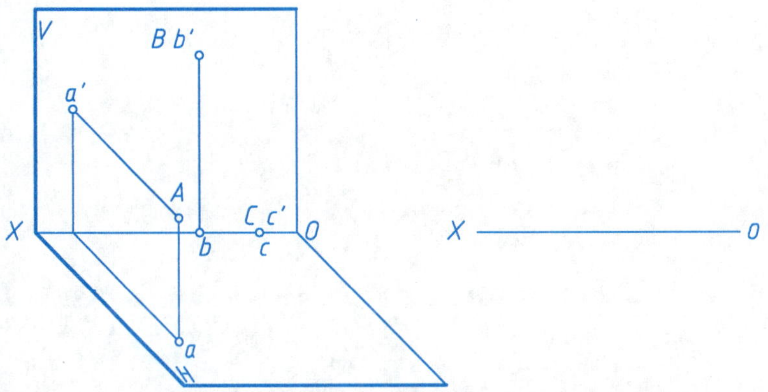

2. 已知点A在V面之前36 mm，点B在H面之上10 mm，点C在V面上，点D在H面上，点E在投影轴上，补全诸点的两面投影。

3. 按照立体图作诸点的三面投影。

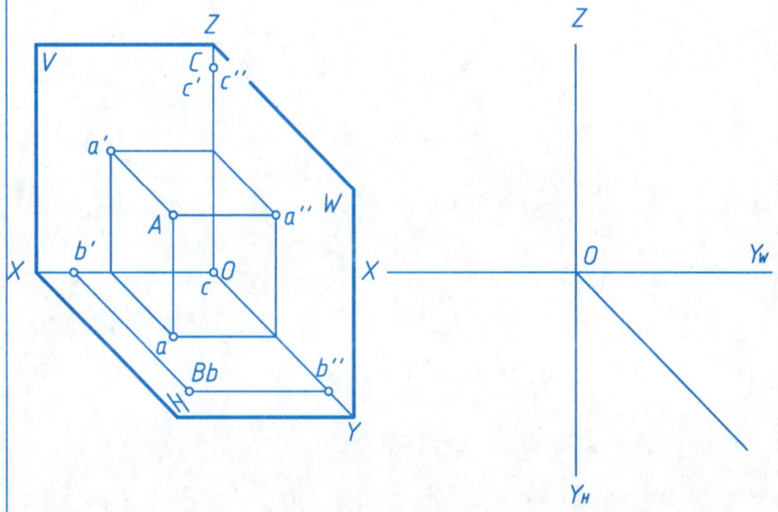

4. 作出诸点的三面投影：点A(25,15,20)；点B距离投影面W、V、H分别为20 mm、10 mm、15 mm；点C在A之左10 mm，A之前15 mm，A之上12 mm；点D在A之下8 mm，与投影面V、H等距离，与投影面W的距离是与H面距离的3.5倍。

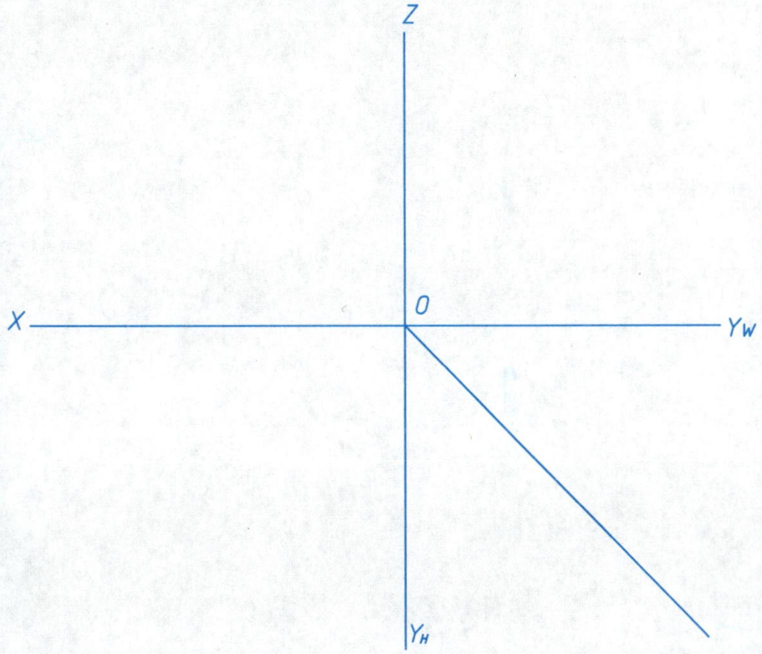

5. 按照立体图作诸点的三面投影，并表明可见性。

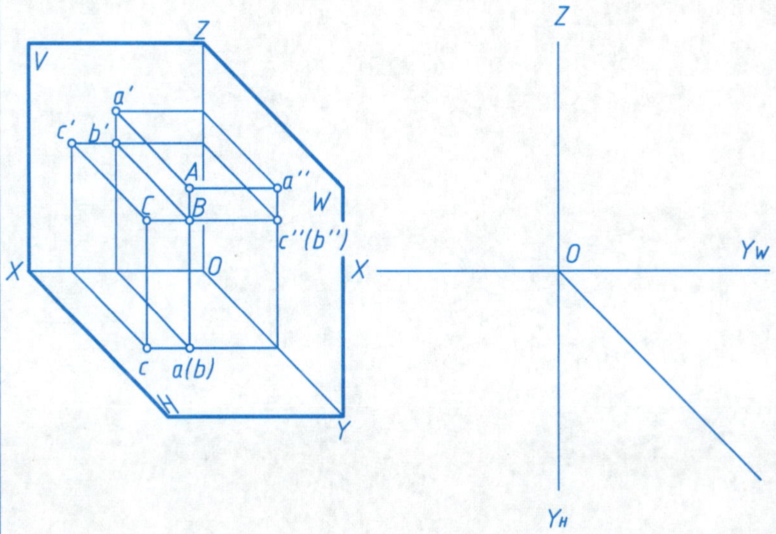

6. 已知点A距离W面20；点B距离点A为25 mm；点C与点A是对正面投影的重影点，Y坐标为30 mm；点D在A的正下方20 mm。补全诸点的三面投影，并表明可见性。

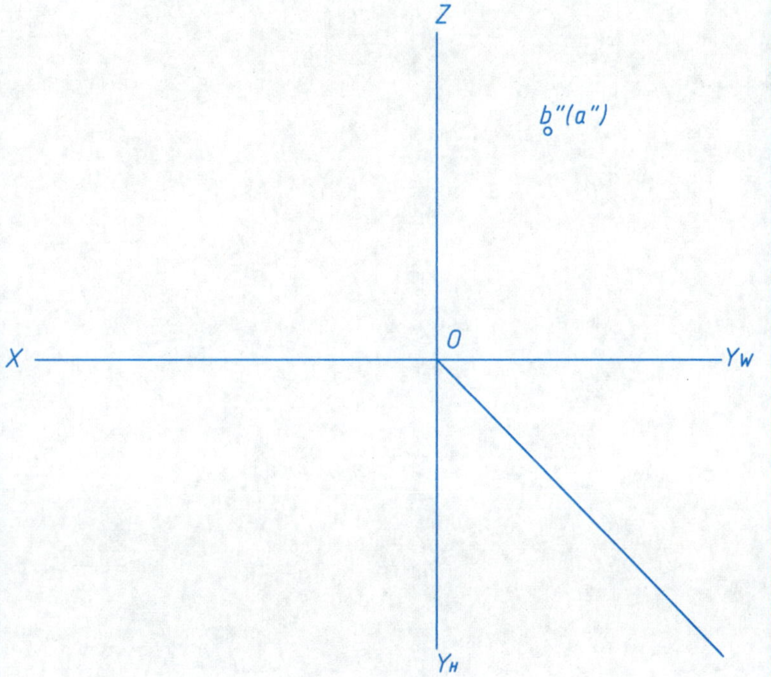

1. 判断下列直线对投影面的相对位置，并填写名称。

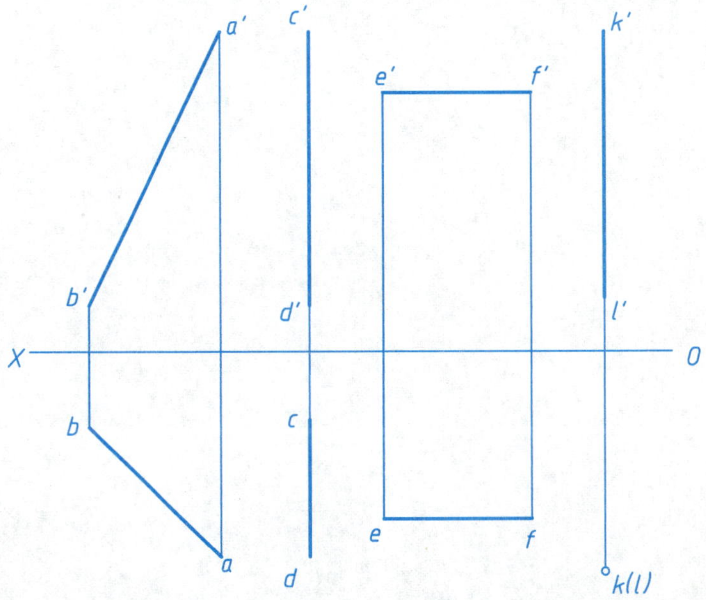

AB是________线；　　EF是________线；

CD是________线；　　KL是________线。

2. 作下列直线的三面投影：

（1）水平线AB，从点A向左、向前，$\beta=30^\circ$，长度18。

（2）正垂线CD，从点C向后，长度15。

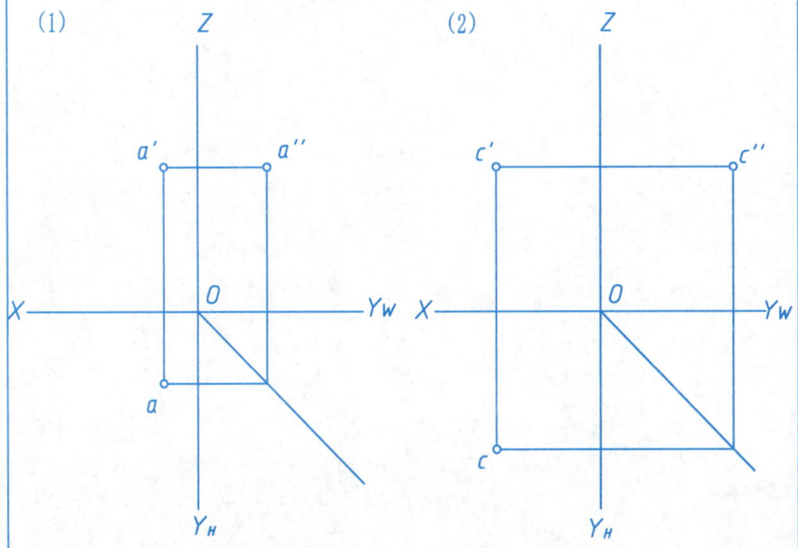

3. 判断并填写两直线的相对位置。

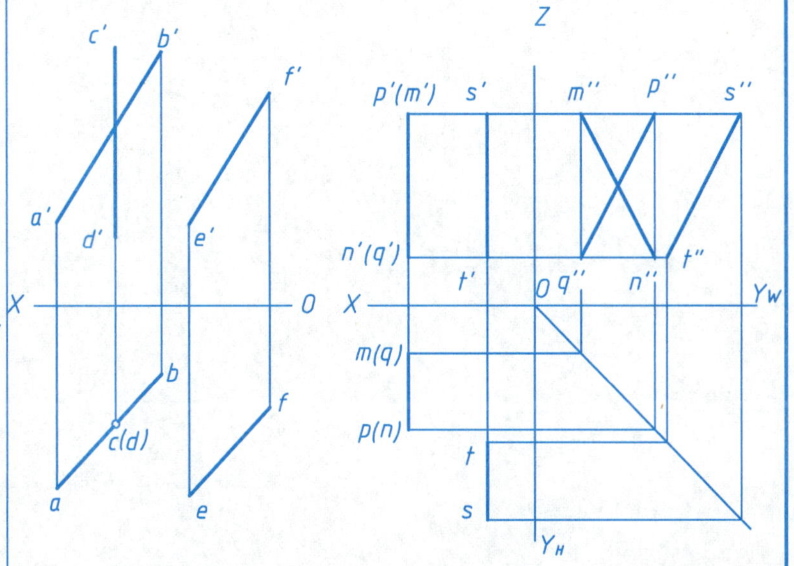

AB、CD 是________线；　　PQ、MN 是________线；

AB、EF 是________线；　　PQ、ST 是________线；

CD、EF 是________线；　　MN、ST 是________线。

4. 在AB、CD上作对正面投影的重影点E、F和对侧面投影的重影点M、N的三面投影，并表明可见性。

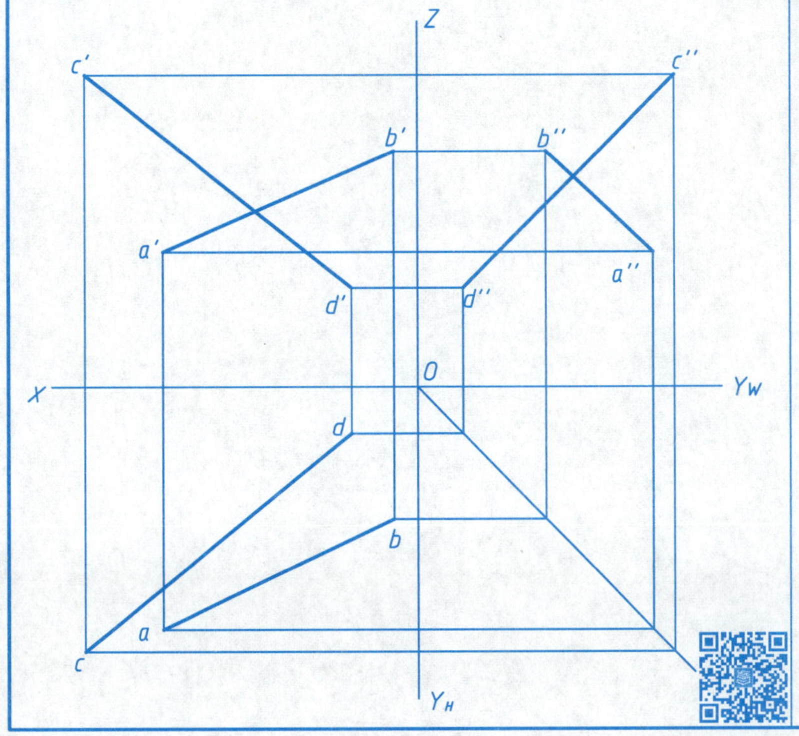

5. 分别在图（a）、（b）、（c）中，由点A作直线AB与CD相交，交点B距离H面20。

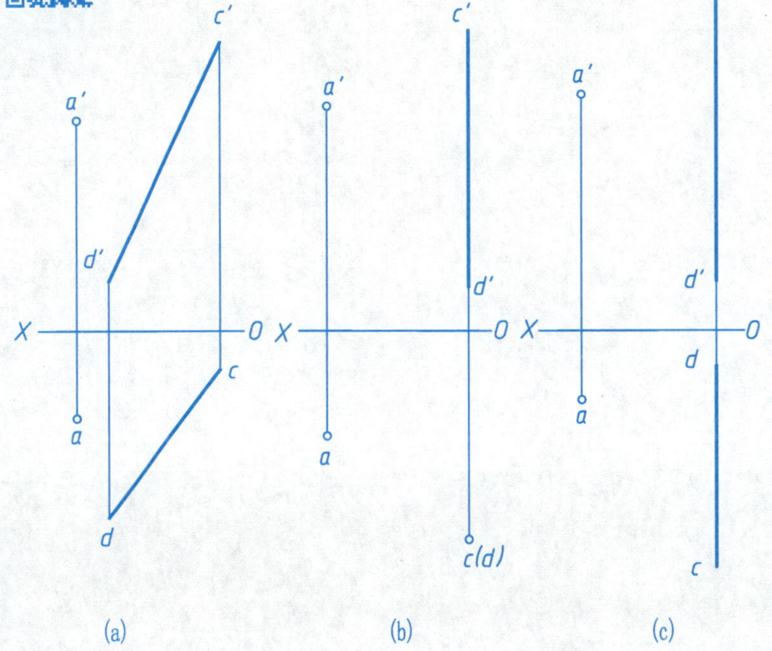

6. 作直线AB的两面投影：

（1）AB与PQ平行，且与PQ同向，等长。

（2）AB与PQ平行，且分别与EF、GH交于点A、B。

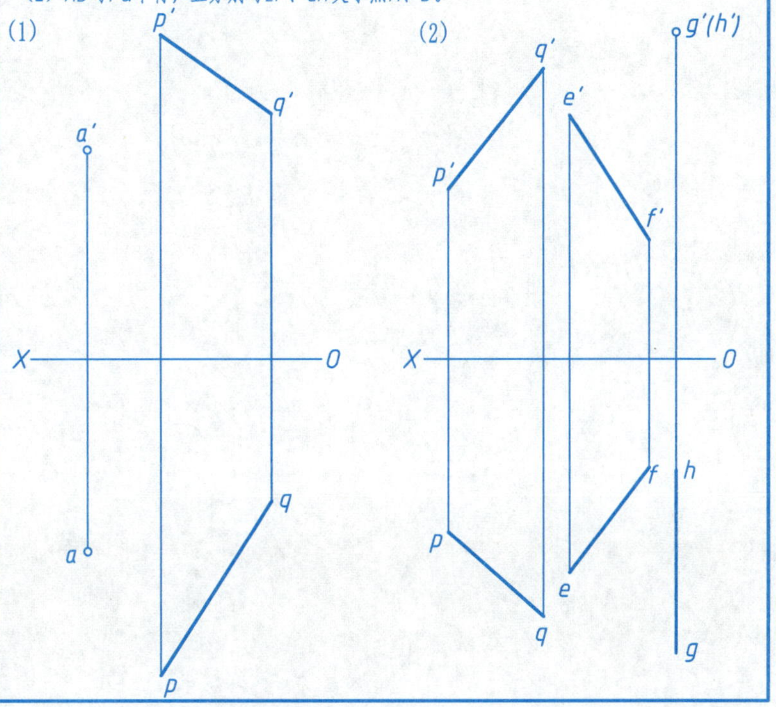

1. 作两交叉直线AB、CD的公垂线EF，分别与AB、CD交于E、F，并表明AB、CD间的真实距离。

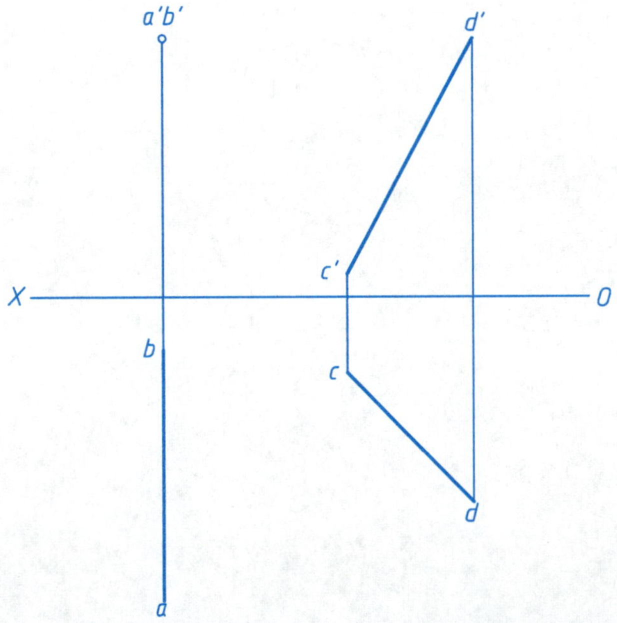

2. 用直角三角形法求直线AB的实长及其对H面、V面的倾角α、β。

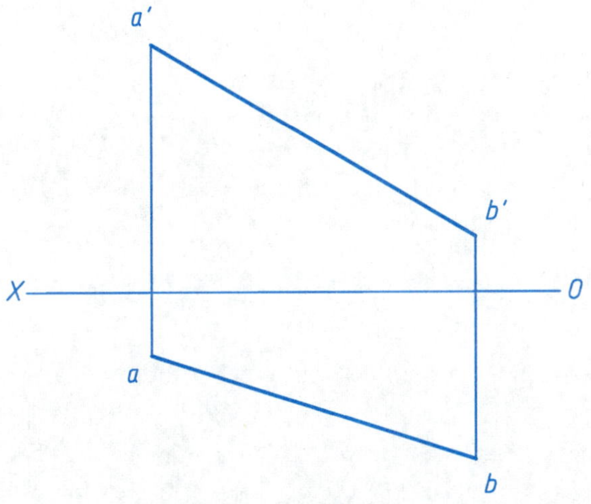

3. 按各平面对投影面的相对位置，填写它们的名称和倾角（0°、30°、45°、60°、90°）。

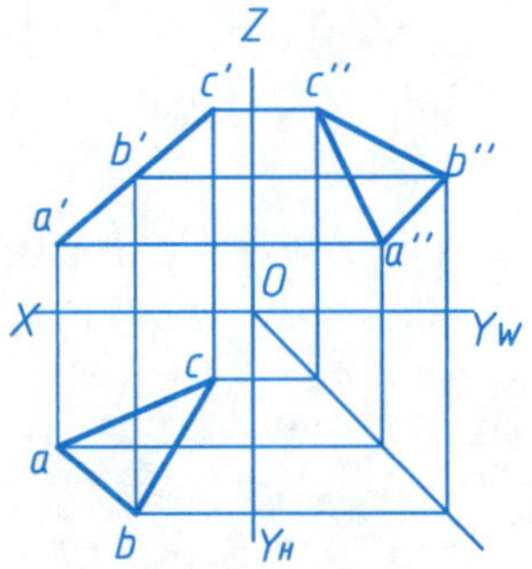

△ABC是______面；

α=__；β=__；γ=__。

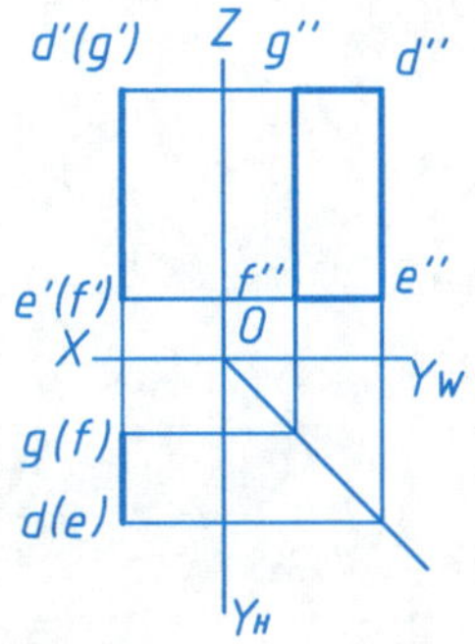

□DEFG是______面；

α=__；β=__；γ=__。

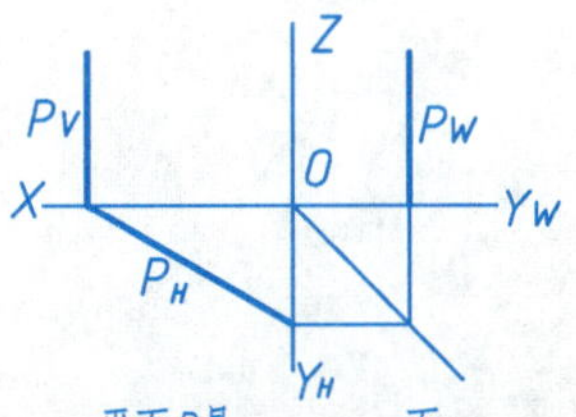

平面P是______面；

α=__；β=__；γ=__。

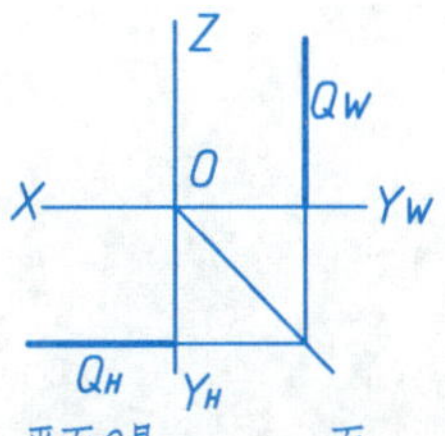

平面Q是______面；

α=__；β=__；γ=__。

4. 作出下列用迹线表示的平面：过直线AB的正垂面P，过点C的正平面Q，过直线DE的水平面R。特殊位置平面可按主教材的约定只用一条有积聚性的迹线表示该平面。

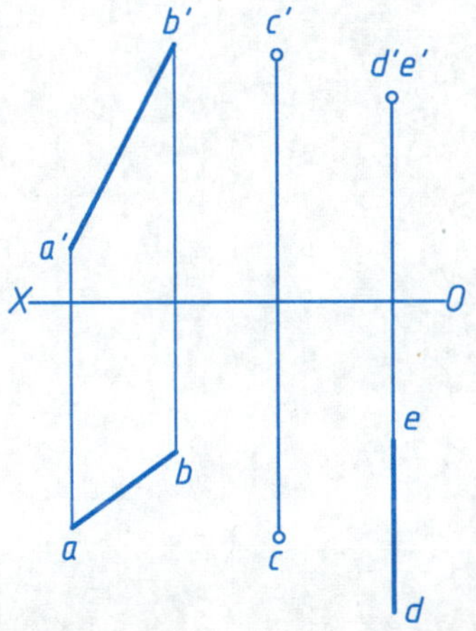

5. 已知处于正垂面位置的正方形ABCD的左下边AB，α=60°，补全正方形的两面投影。已知处于正平面位置的等边三角形的上方的顶点E，下方的边FG为侧垂线，边长为18 mm，补全这个等边三角形EFG的两面投影。

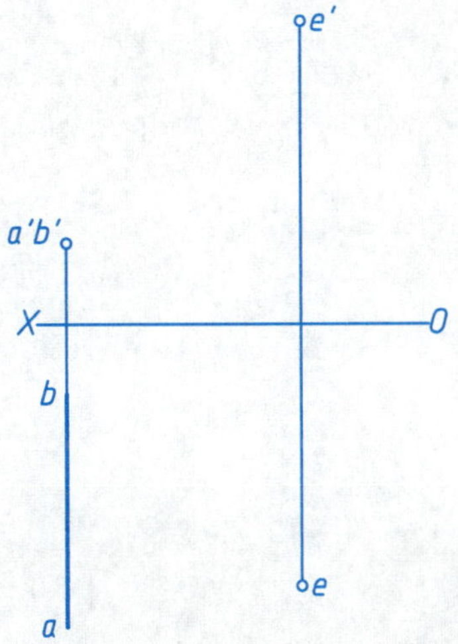

6. 判断点K和直线MS是否在△MNT平面上，填写“在”或“不在”。

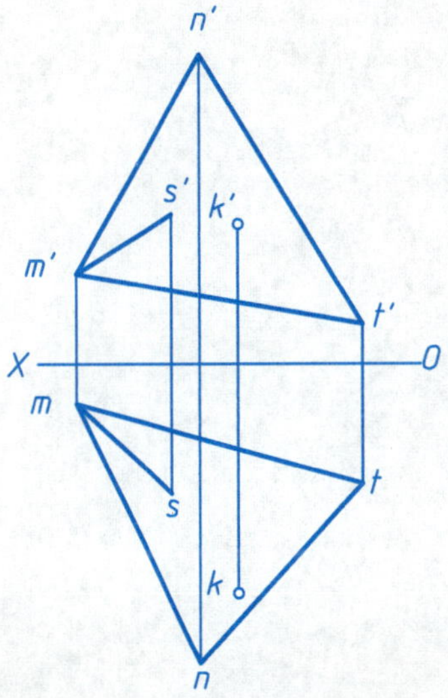

点K______平面△MNT上；

直线MS______平面△MNT上。

7. 判断点A、B、C、D是否在同一平面上，填写“在”或“不在”。

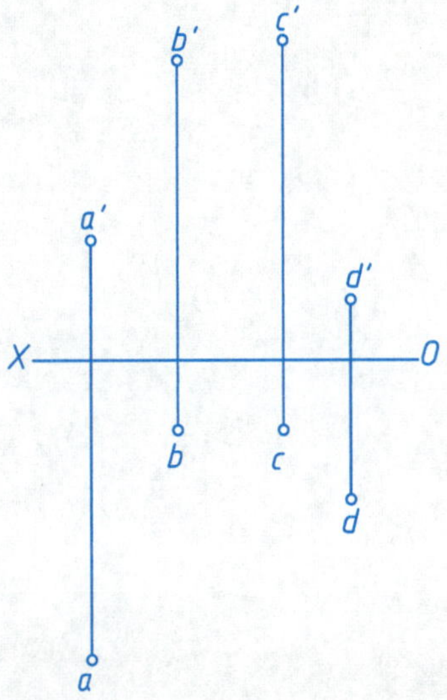

四点______同一平面上。

8. 作出□ABCD上的△EFG的正面投影。

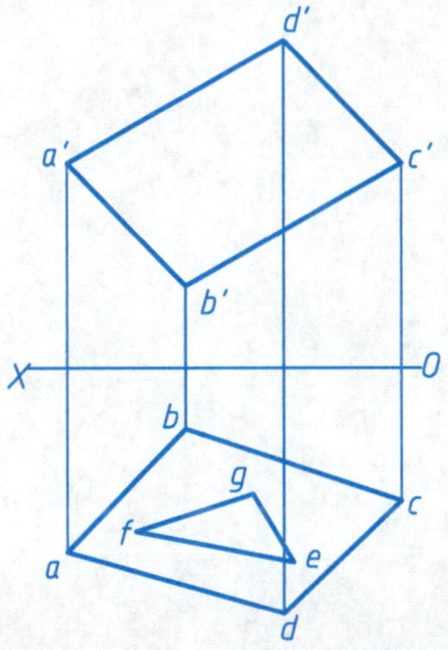

9. 补全平面图形PQRST的两面投影。

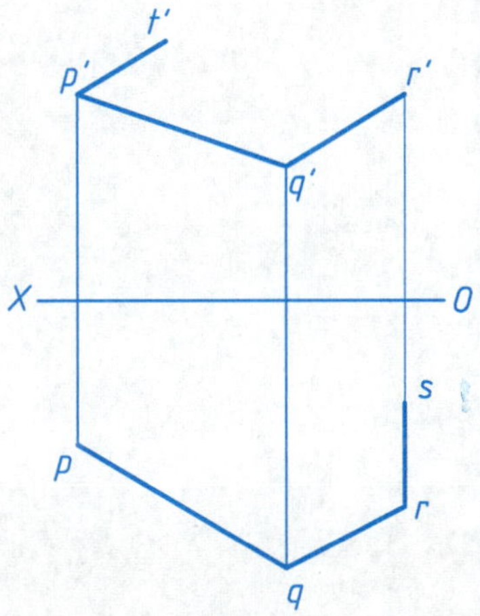

1. 已知圆心位于点A、$\phi 30$的圆为侧平面，作圆的三面投影。

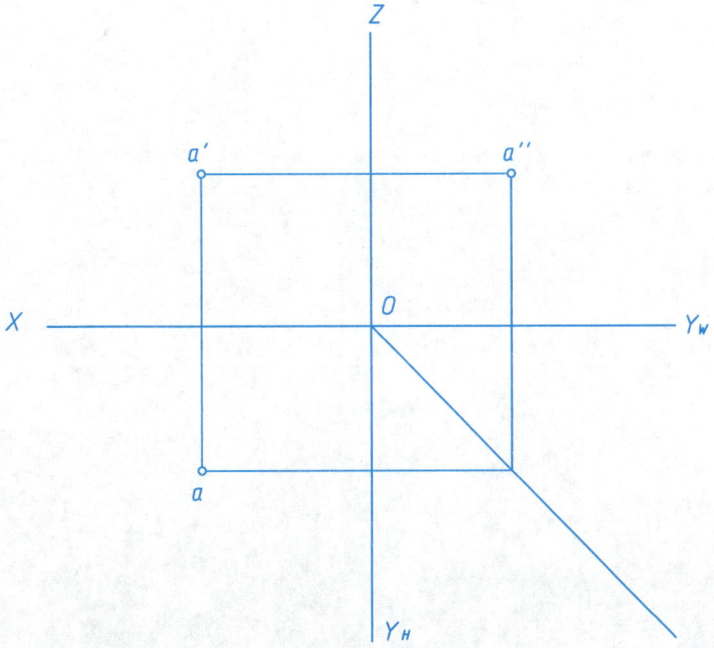

2. 已知圆心位于点B、$\phi 30$的圆处于左前到右后的铅垂面上，$\beta=60°$，作圆的三面投影（投影椭圆用四心圆法近似作出）。

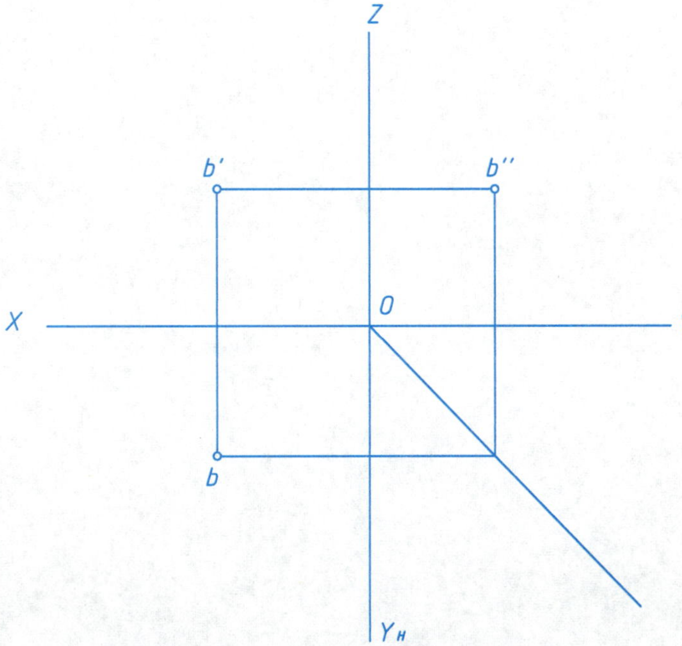

3. 作直线CD与△LMN的交点，并表明可见性。

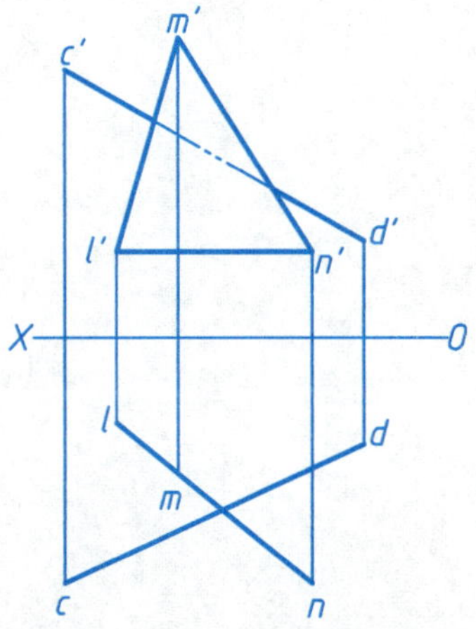

4. 作侧垂线AB与□$CDEF$的交点，并表明可见性。

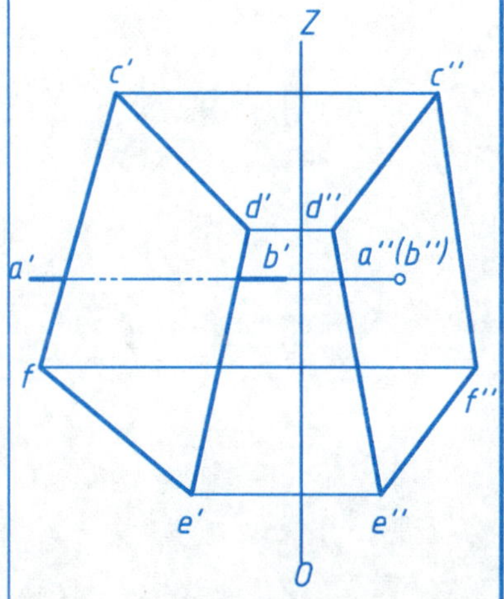

5. 作△EFG与□$PQRS$的交线，并表明可见性。

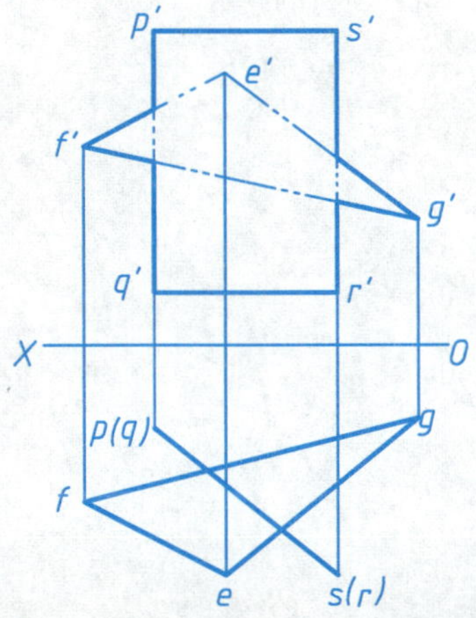

6. 作正垂面M与□$ABCD$的交线，并表明可见性。

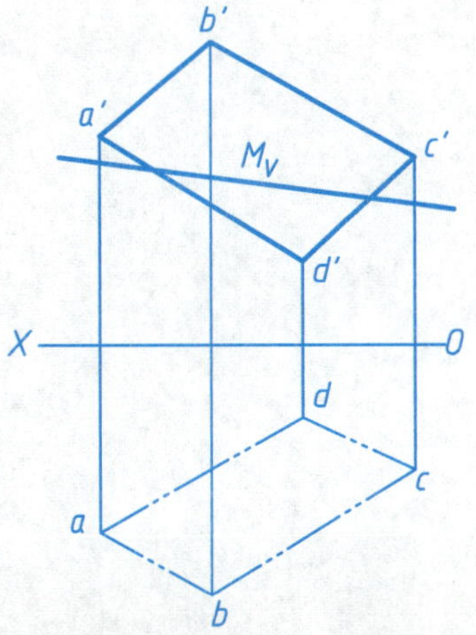

7. 作△ABC与圆平面的交线，并表明可见性。

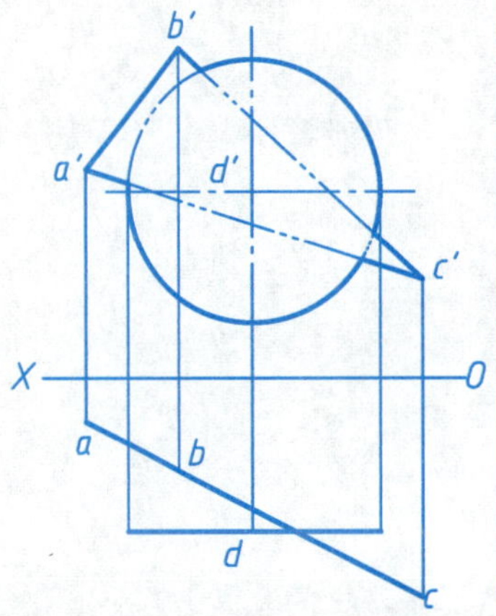

8. 作△EFG与□$MNPQ$的交线，并表明可见性。

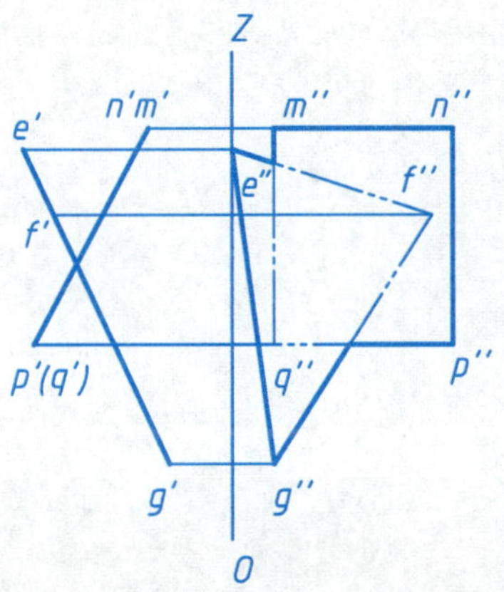

9. 作水平面P、平面$ABCD$、平面EFG的共有点。

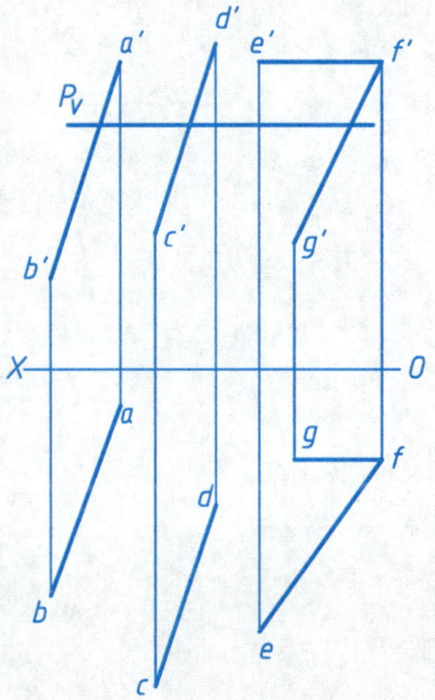

*10. 已知△BCD和□$PQRS$的两a'面投影，并知△BCD上的点A的正面投影a'；在△BCD上作直线AE//□$PQRS$。AE的长度可自定。

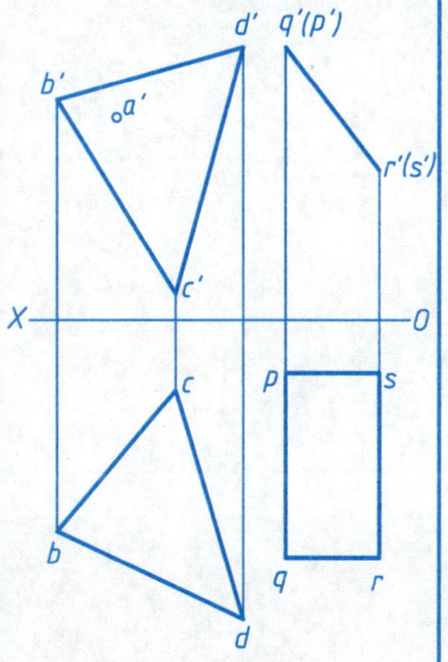

直线与平面以及两平面的相对位置（二） 换面法（一）　　班级　　　姓名　　　学号　　

1. 由点A作$\triangle BCD$的垂线AK，K为垂足，并标出A与$\triangle BCD$的真实距离。由点A作平面$P /\!/ \triangle BCD$，由点A作铅垂面$Q \perp \triangle BCD$，平面P、Q都分别用一条与平面P、Q的有积聚性的投影重合的迹线表示。

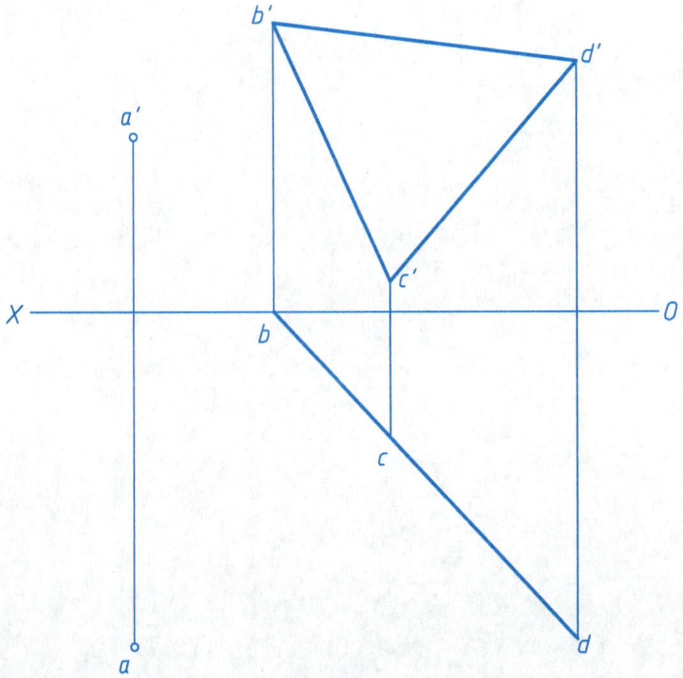

2. 根据下列诸投影图中直线与平面、平面与平面的相对位置，分别在下面的括号内填写“平行”“垂直”或“倾斜”。

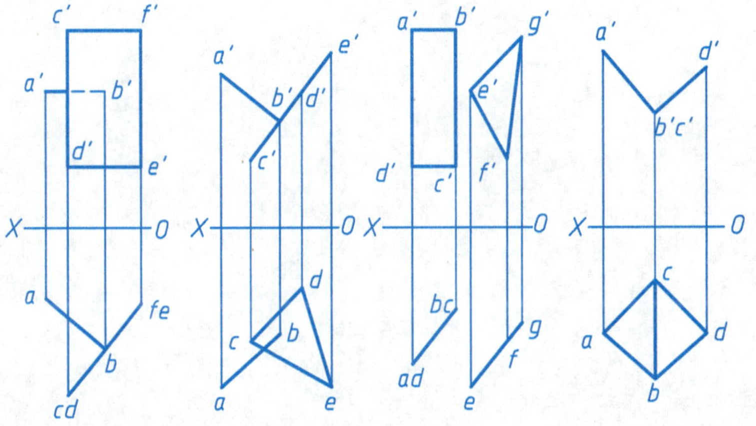

（　　）　　（　　）　　（　　）　　（　　）

3. 用换面法求直线AB的实长及其对H面、V面的倾角α、β。

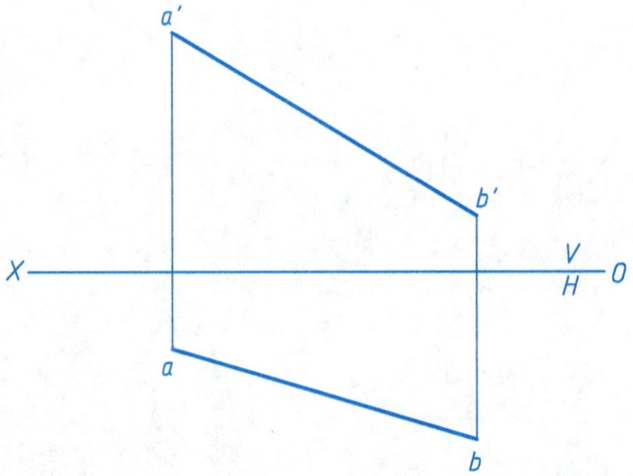

4. 已知直线DE的端点E比D高，DE=50 mm，用换面法作$d'e'$。

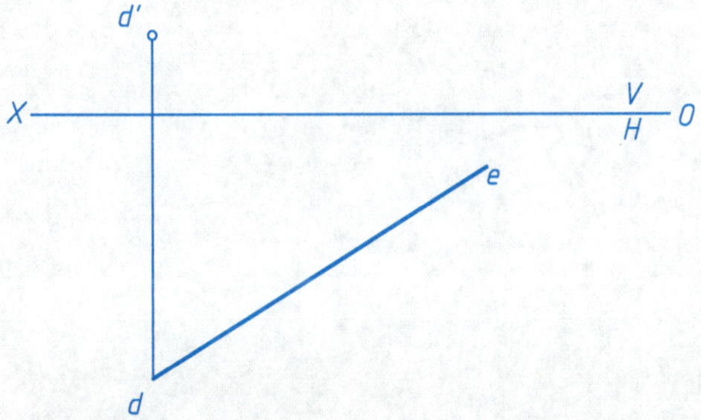

5. 由点A作直线CD的垂线AB，作出垂足B，并用换面法求出点A与直线CD间的真实距离。

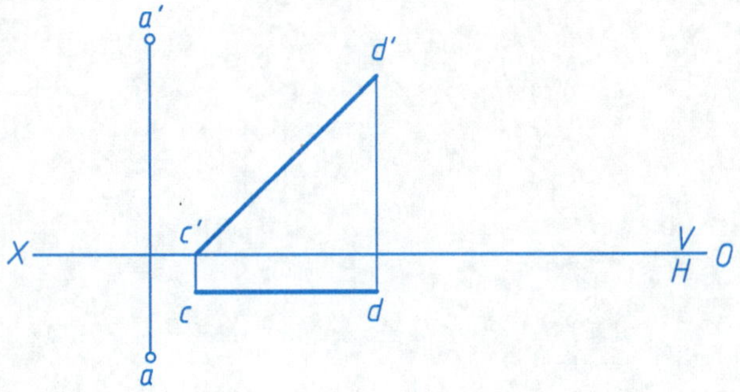

*6. 用换面法求两交叉管道AB、CD间的最短连接管的实长和两面投影。

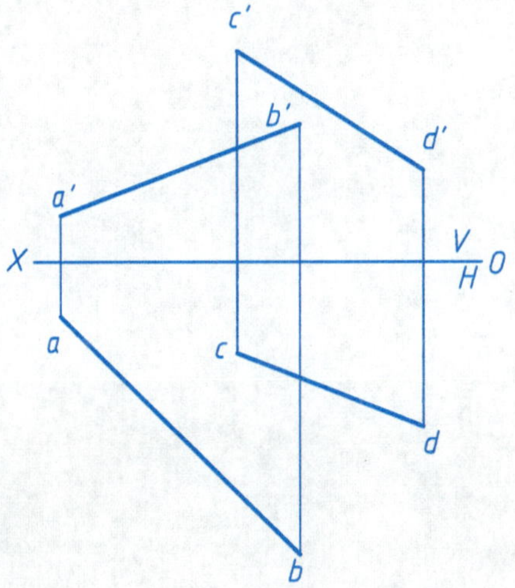

1. 求△*ABC*对*V*面的倾角β。

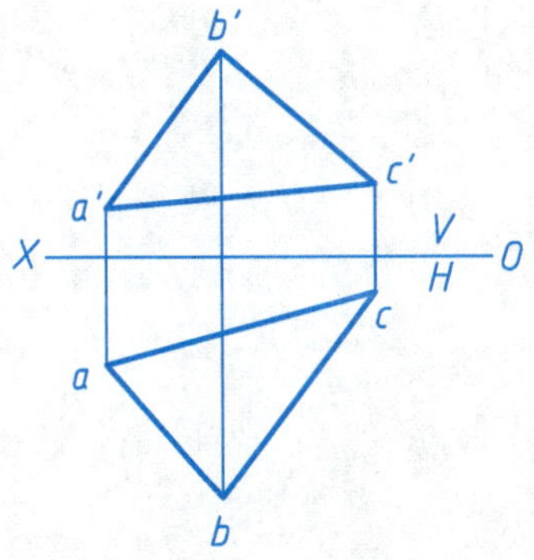

2. 根据铅垂面的*H*面投影和反映真形的V_1面投影，作出它的*V*面投影。

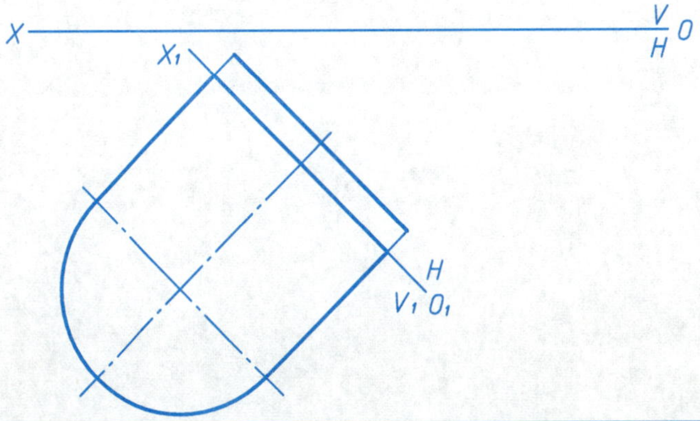

*3. 正平线*AB*是正方形*ABCD*的边，点*C*在点*B*的前上方，正方形对*V*面的倾角β=45°，补全正方形的两面投影。

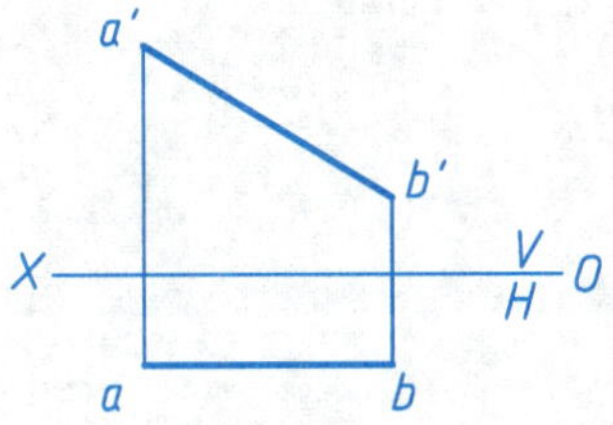

4. 求▱*ABCD*的真形。

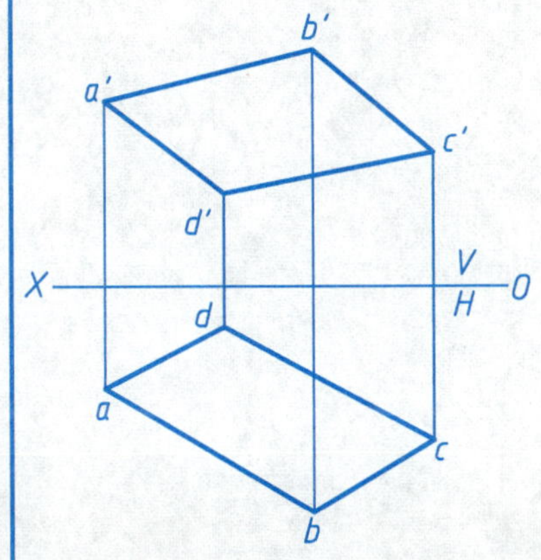

*5. 补全等腰三角形*CDE*的两面投影，*CD*=*CE*，顶点*C*在直线*AB*上。

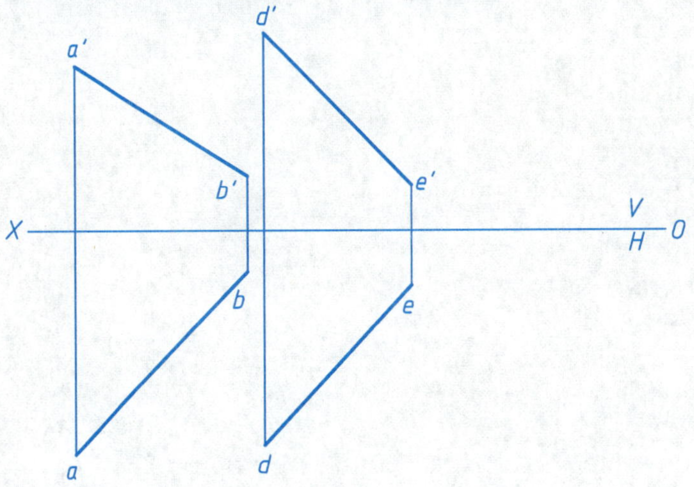

*6. 求作飞机挡风屏*ABCD*和玻璃面*CDEF*的夹角θ的真实大小。

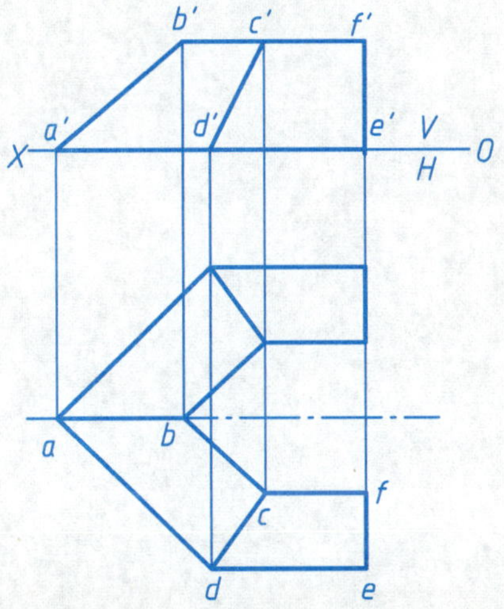

平面立体及其表面上的点和线	班级 姓名 学号	12

1. 作三棱柱的侧面投影，并补全三棱柱表面上诸点的三面投影。

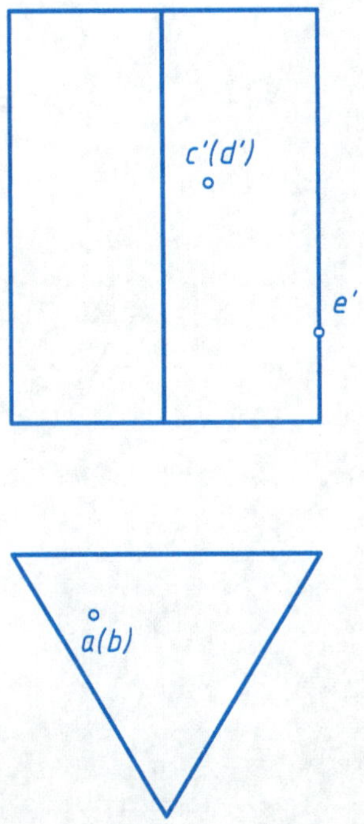

2. 作六棱柱的正面投影，并作出表面上折线$ABCDEF$的正面投影和侧面投影。

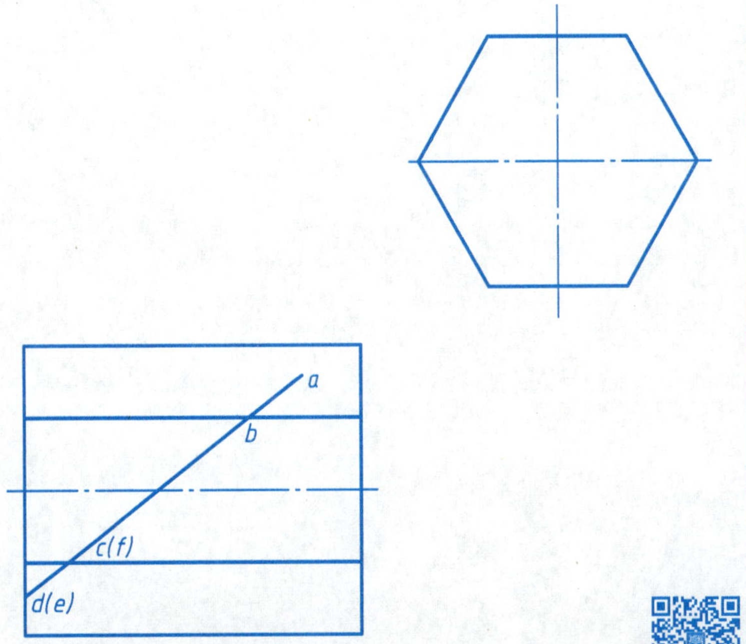

*3. 作斜三棱柱的侧面投影，并补全表面上点A、B、C、D、E和F的三面投影。

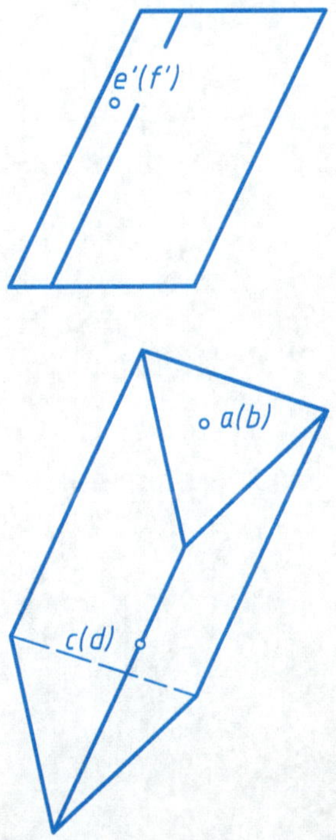

4. 作三棱锥的侧面投影，并作出表面上折线$ABCD$的正面投影和侧面投影。

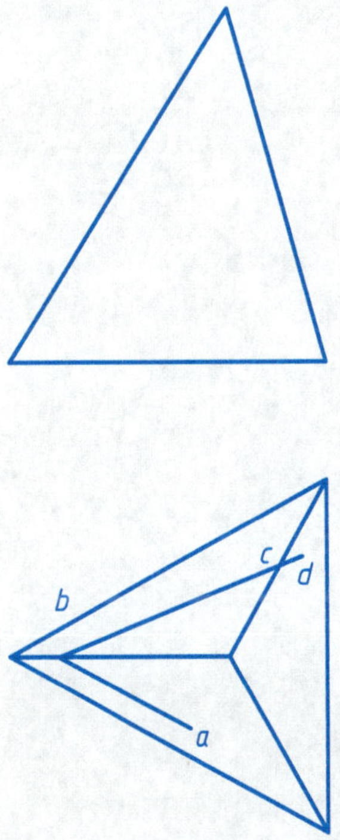

5. 作四棱台的水平投影，并补全表面上点A、B、C、D、E和F的三面投影。

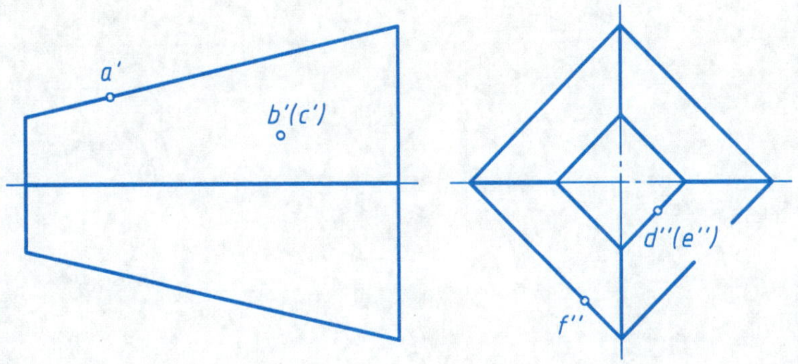

*6. 作左端为正垂面的凸字形侧垂柱的水平投影，已知表面上折线的起点A的正面投影和终点E的侧面投影，折线的水平投影成一直线，作折线的三面投影。

1. 作圆柱的正面投影，并补全圆柱表面上的素线*AB*、圆弧*CDE*和点*F*的三面投影。

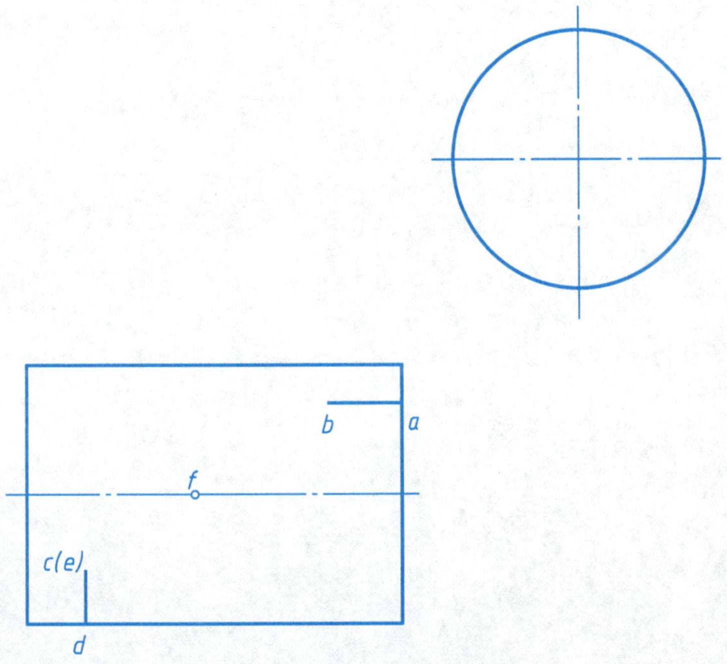

2. 作圆锥的侧面投影，并补全圆锥表面上的点*A*、*B*、*C*以及素线*SD*、圆弧*EF*的三面投影。

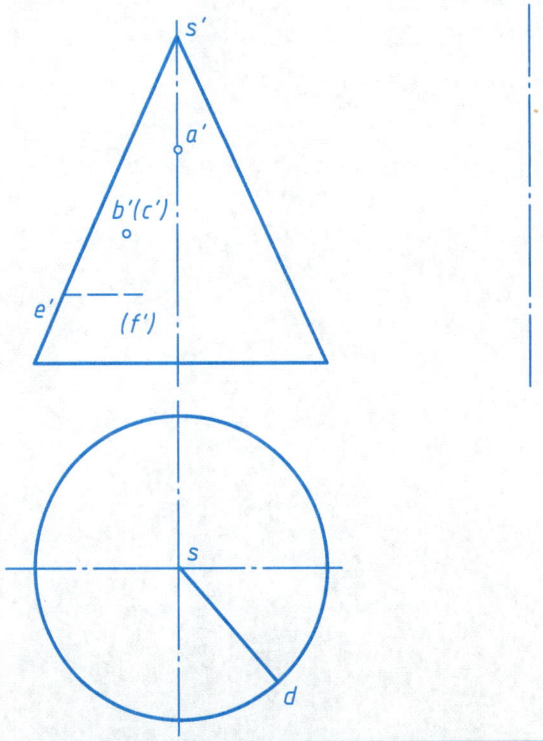

*3. 已知轴线为正垂线的圆台的水平投影，作圆台及其表面上的曲线*AB*的正面投影。

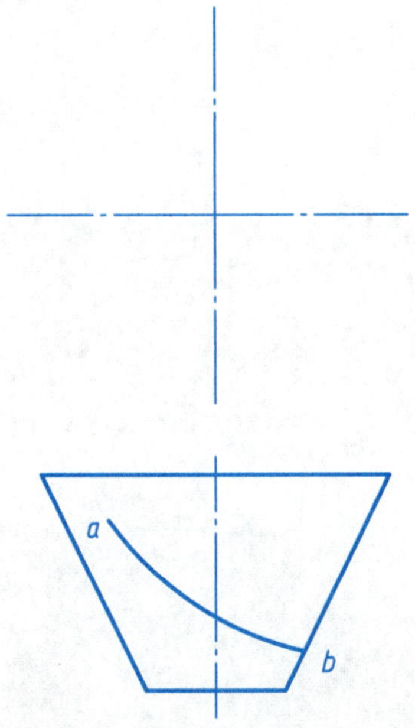

4. 作半球及其表面上圆弧$\widehat{AB}$、$\widehat{CD}$和点*E*的水平投影和侧面投影。

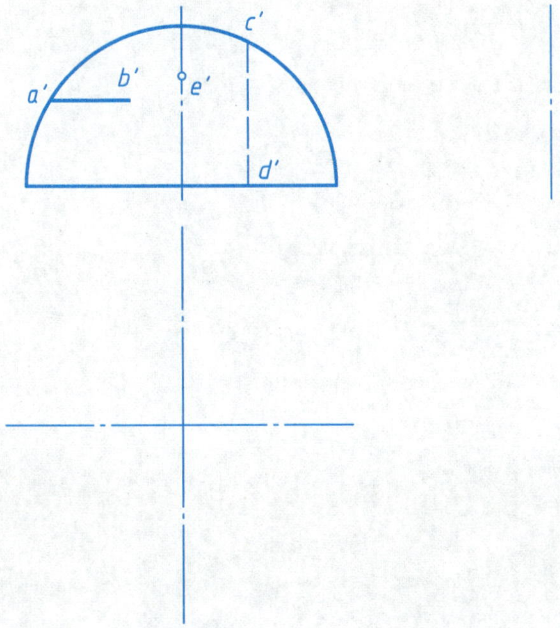

5. 补全环的水平投影和环面上诸点的两面投影（环面上的点*D*、*E*、*F*、*G*是按由前向后的顺序配置的）。

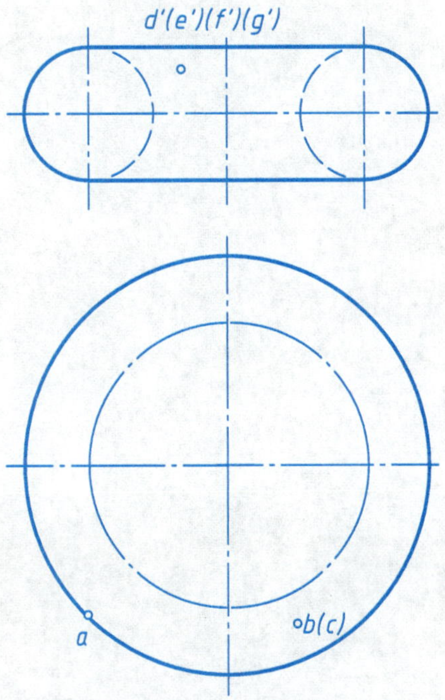

*6. 补全回转体的正面投影，并作出回转面上的曲线*AB*的水平投影。

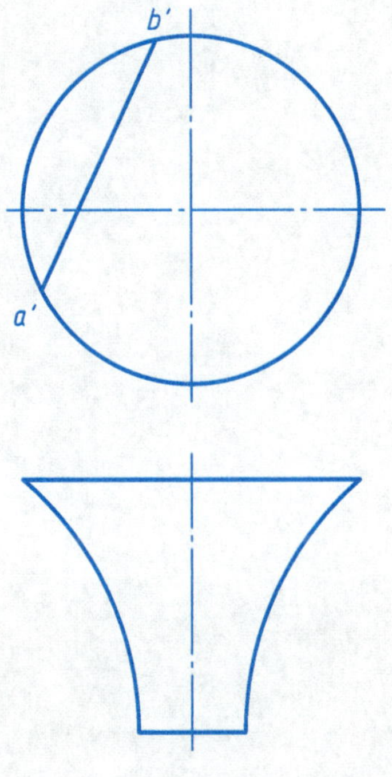

分析平面立体的截交线，并补全这些截断的、缺口的、穿孔的平面立体的三面投影（第1、3题还需要作出断面真形） 班级 姓名 学号

1. 作正垂面截断正五棱台后的侧面投影，补全截断后的水平投影，并作断面真形。

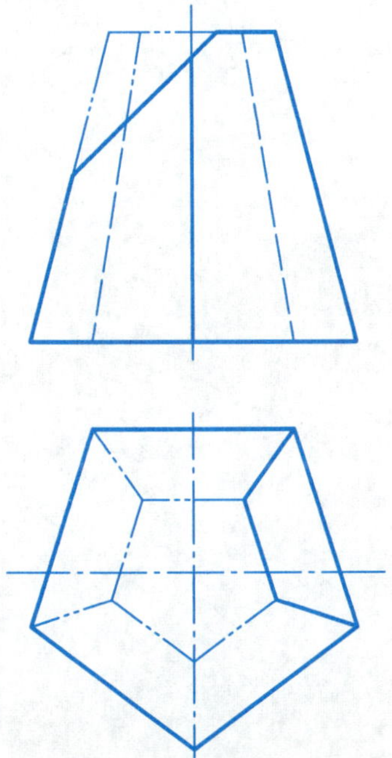

2. 作顶部具有侧垂通槽的四棱柱左端被正垂面截断后的水平投影。

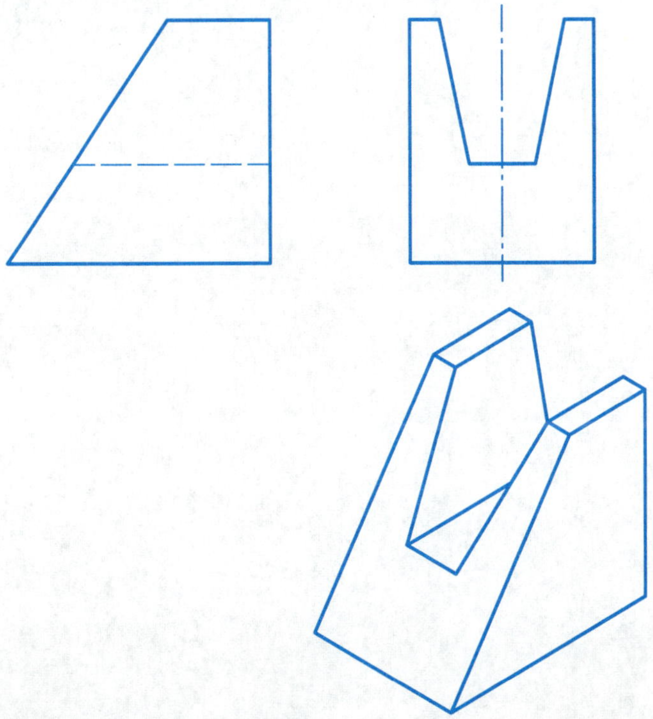

3. 作具有正方形通孔的正六棱柱被正垂面截断后的侧面投影，并求断面真形。

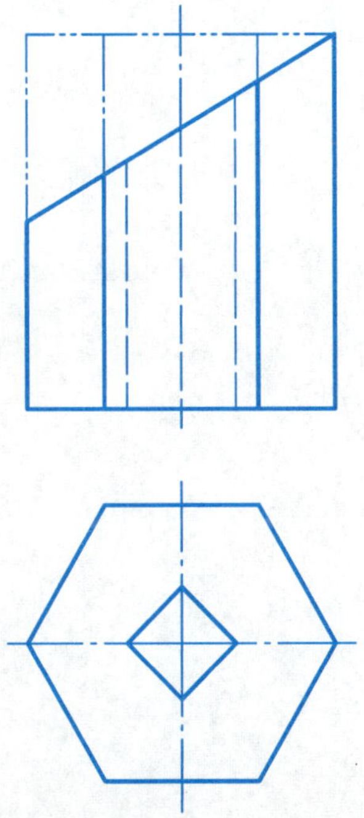

4. 楔形块的顶面、底面是水平矩形，左、右侧面为正垂面，前、后侧面为侧垂面，左右、前后对称，被水平面、正垂面、侧平面切割掉左上角，补全楔形块切割后的侧面投影和水平投影。

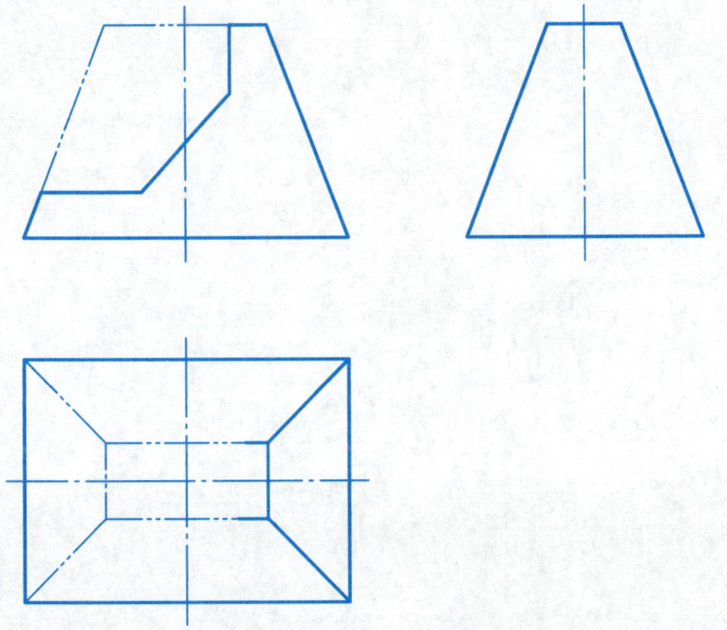

5. 作具有正垂的矩形穿孔的正三棱柱的侧面投影。

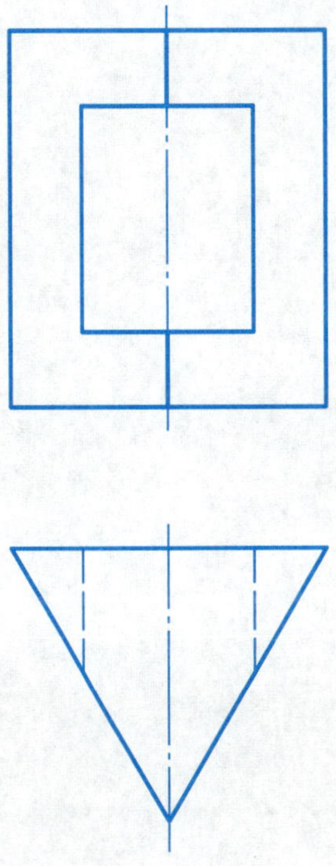

*6. 具有正方形通孔的正四棱台被正垂面和侧平面切割掉左上角，补全切割后的水平投影，补画切割后的侧面投影。

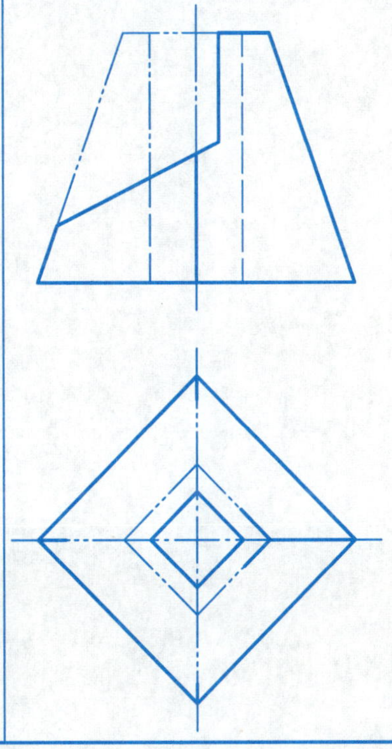

分析回转体的截交线，并补全这些截断的、缺口的、穿孔的回转体的三面投影（第1、8题还需要作出断面真形）

班级　　　　姓名　　　　学号

1.

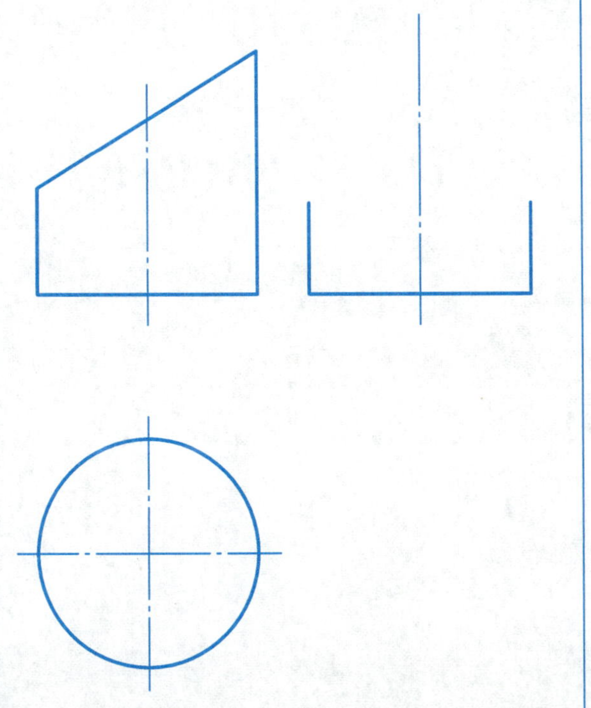

2.

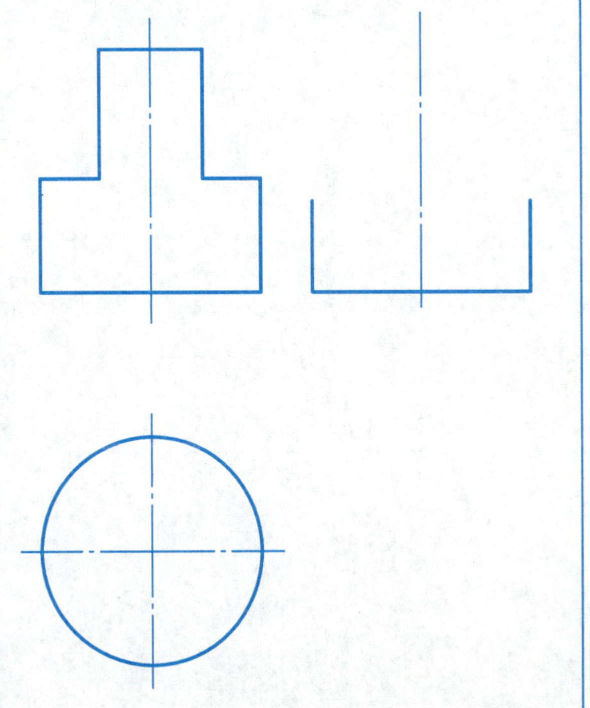

3.

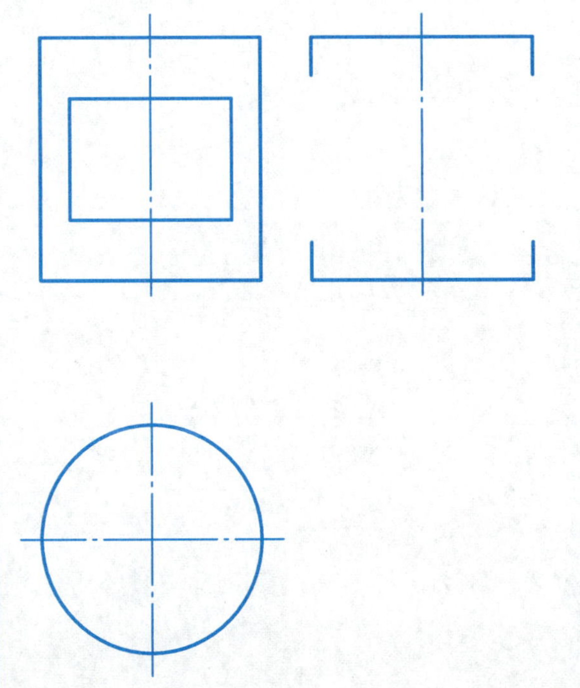

4.

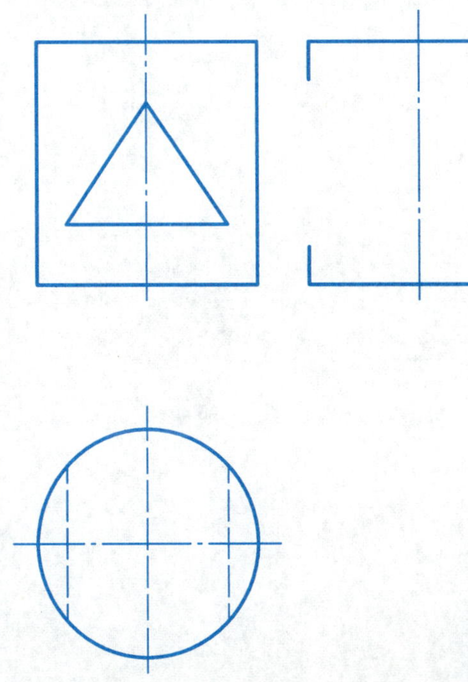

5.

*6.

7.

8.

分析回转体的截交线，并补全这些截断的、缺口的回转体的三面投影

班级　　姓名　　学号

1.

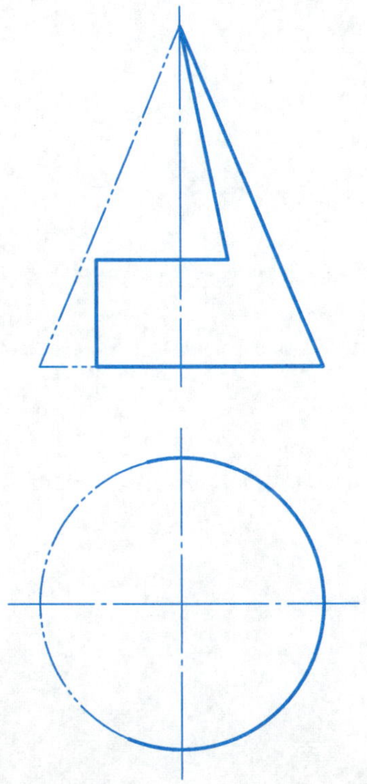

2.

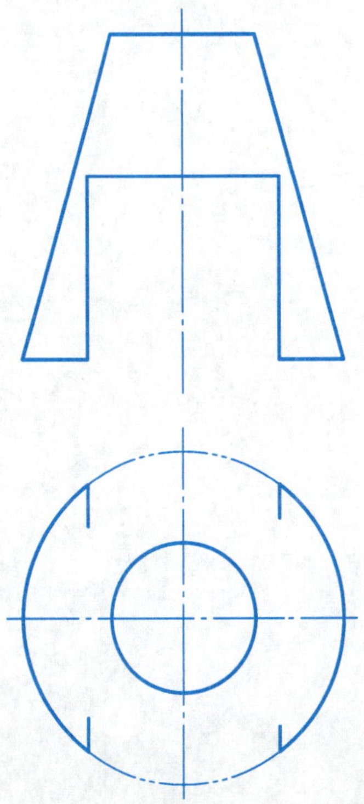

*3.

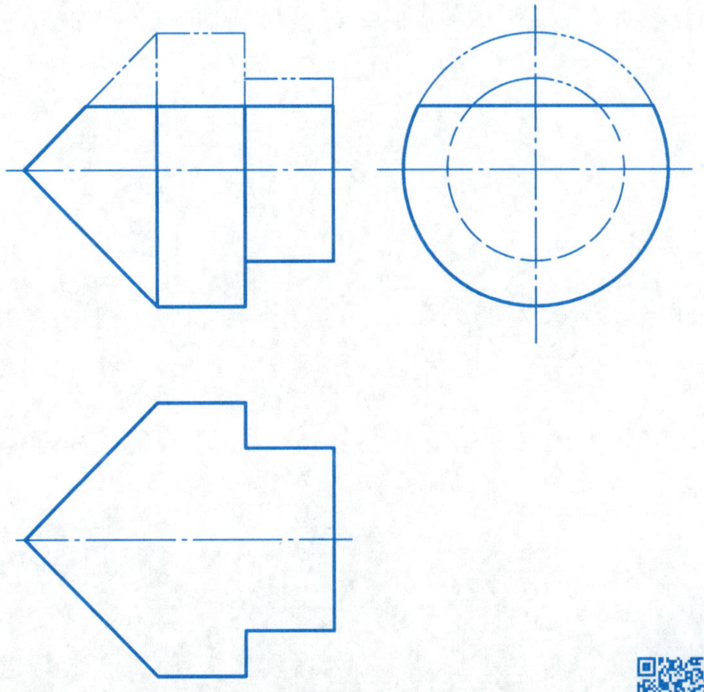

4.

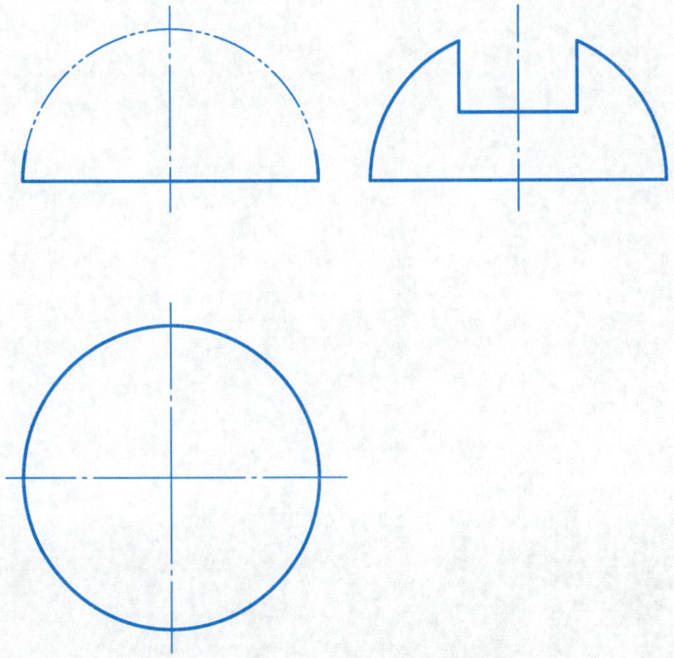

5.

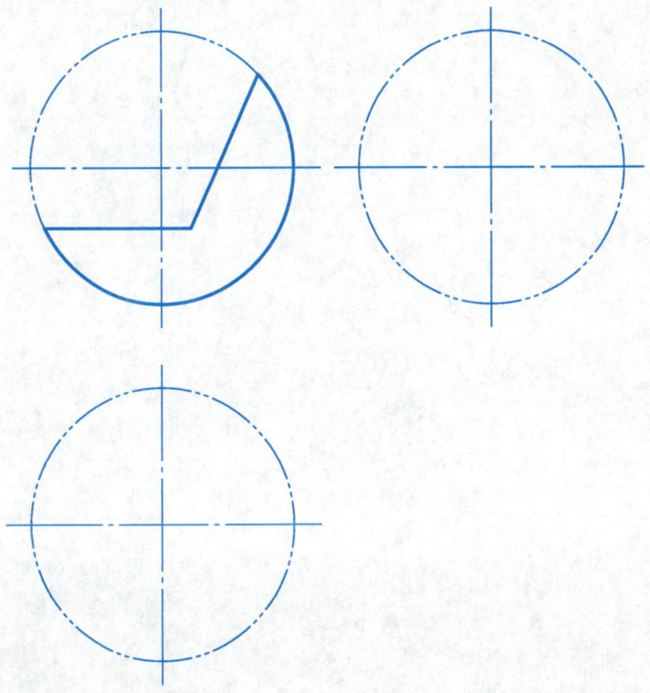

*6.

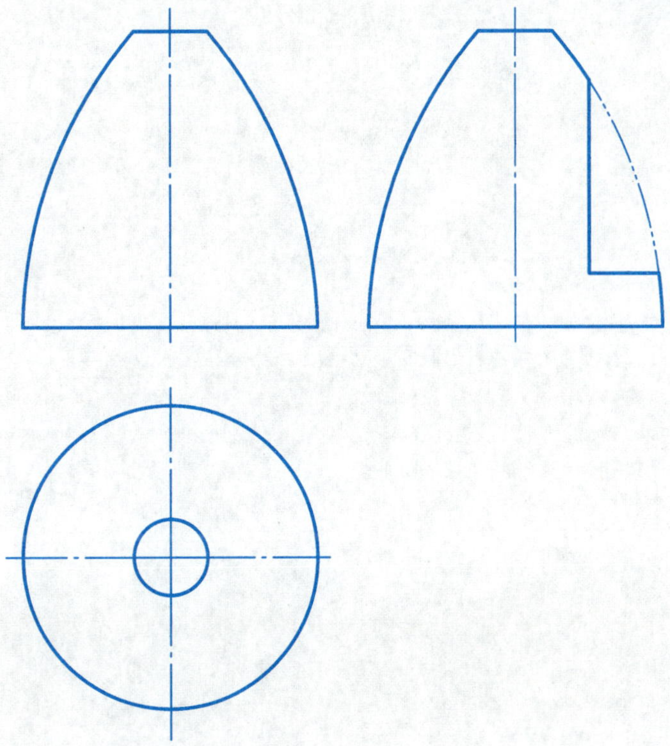

1. 补全水平投影。

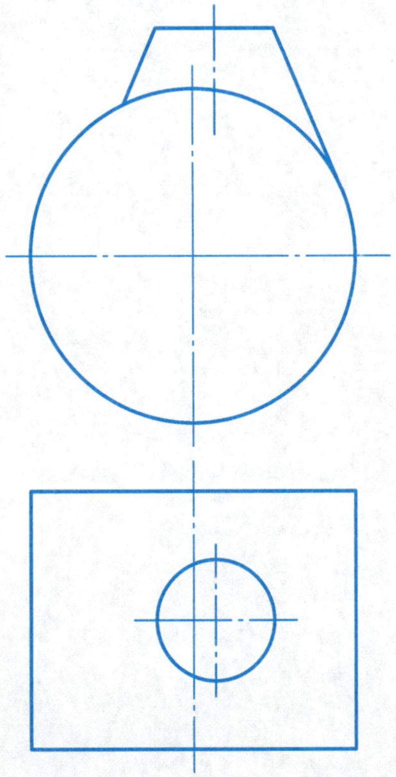

2. 补全侧面投影。

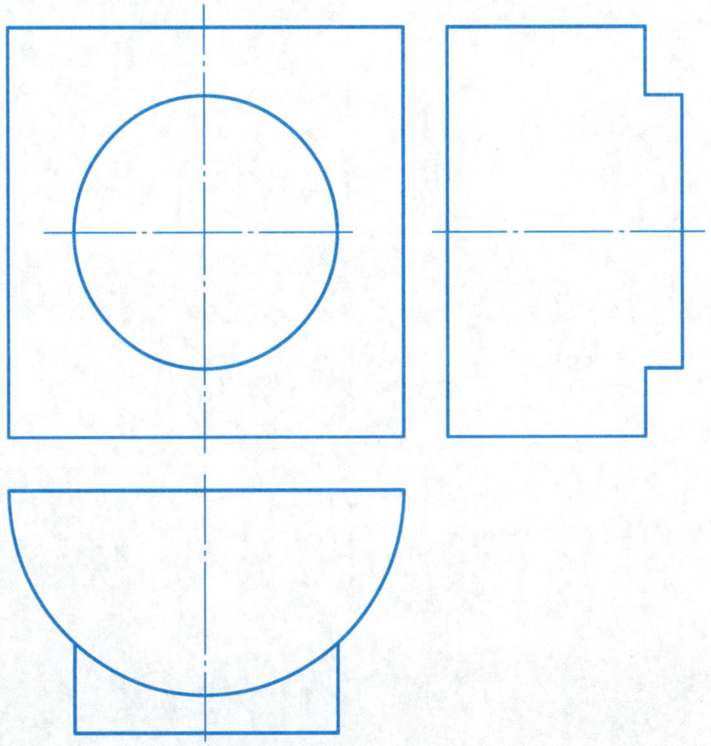

3. 补全正面投影。

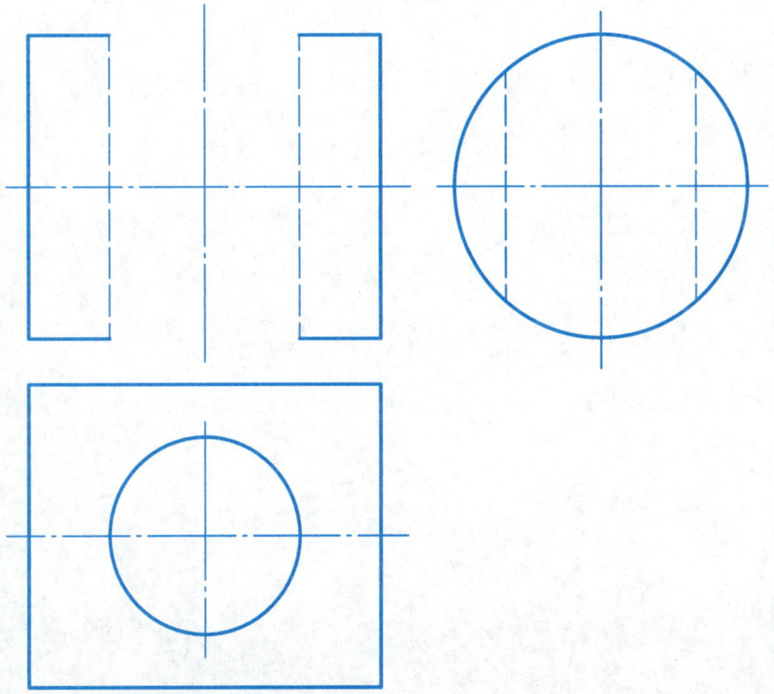

4. 补全水平投影和正面投影。

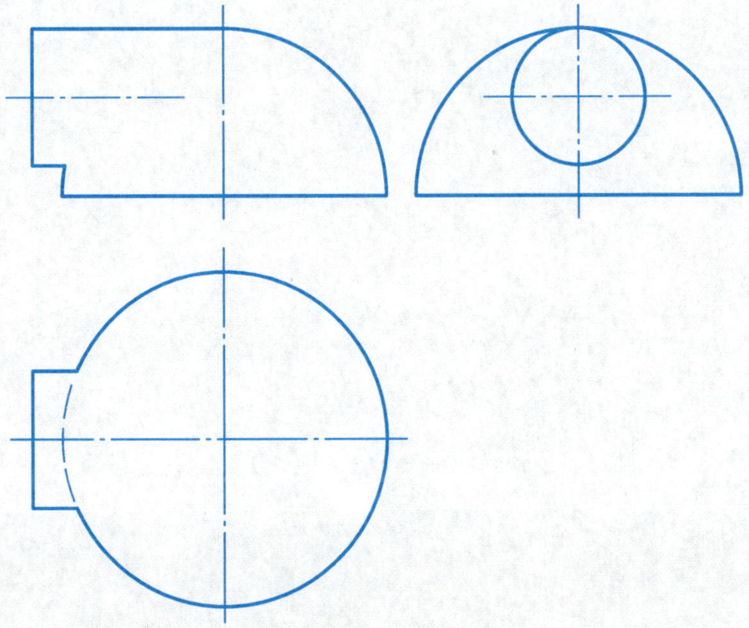

*5. 补全同轴组合回转体的正面投影。

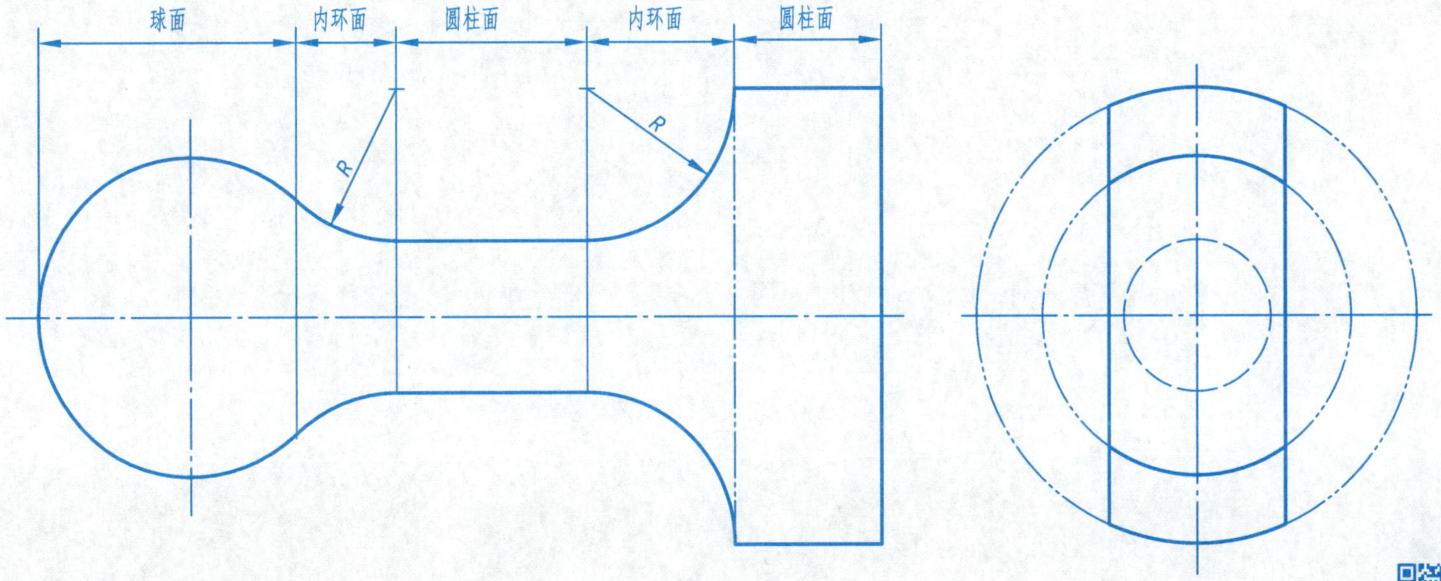

1. 补全正面投影和侧面投影。

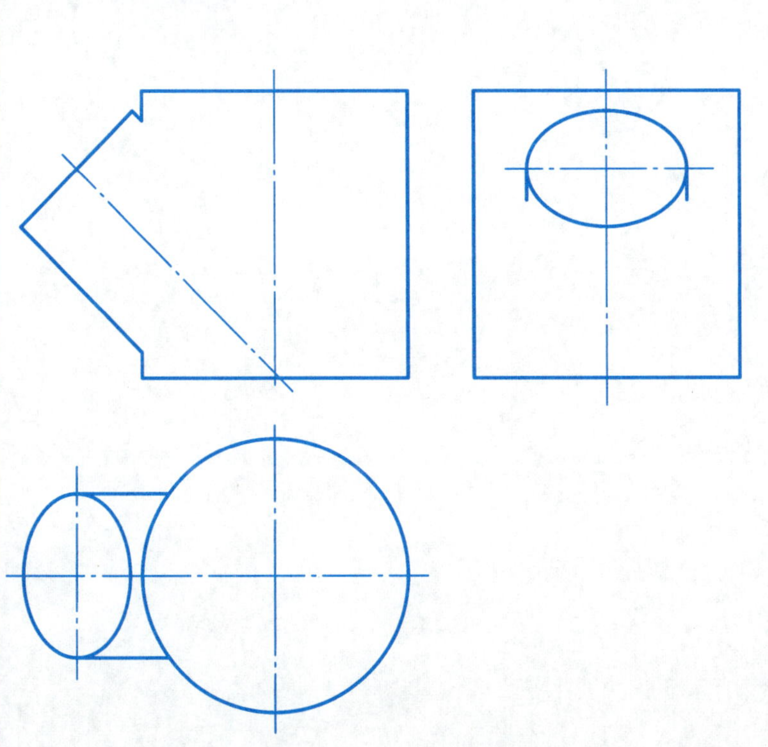

2. 补全正面投影。

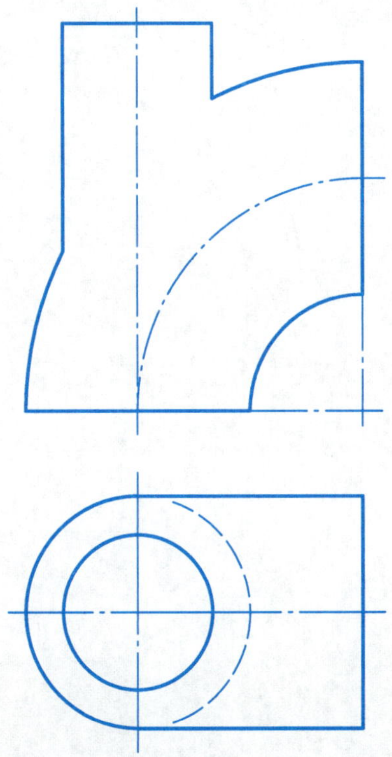

3. 补全侧面投影。

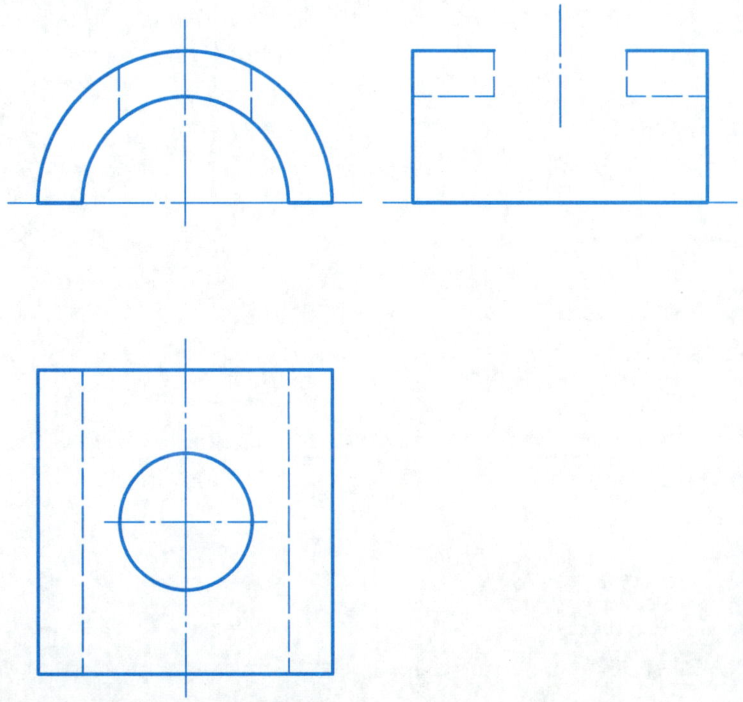

4. 补全三面投影（形体分析提示：形体为带有轴线为铅垂线和侧垂线的两个圆柱形通孔的球）。

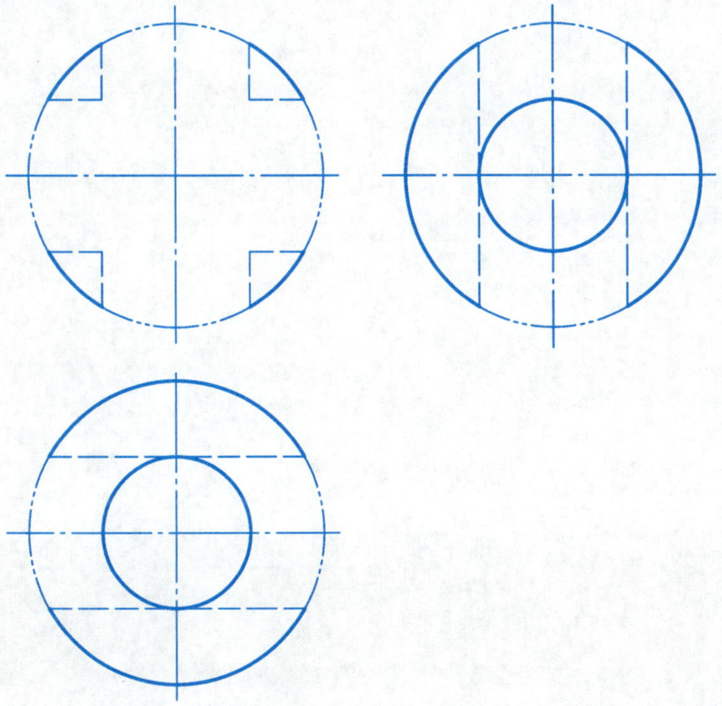

*5. 补全正面投影（形体分析提示：形体为由球冠、大圆柱、小圆柱三个同轴回转体构成的组合回转体，球冠和大圆柱被切割成四个圆柱槽）。

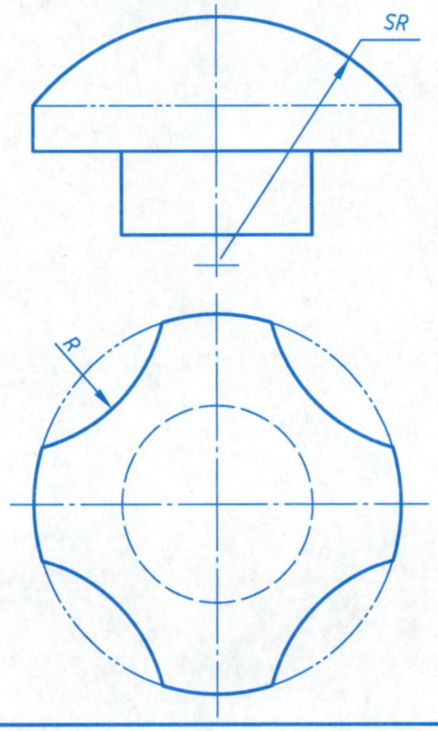

*6. 补全正面投影和侧面投影（形体分析提示：相贯体的主体是半球与圆柱相切；左侧有一个轴线通过半球球心的侧垂圆台，上方与半球相交，下方与圆柱相交；主体内有一个同轴的铅垂圆柱通孔，圆台内也有一个与圆台同轴的圆柱孔，并向右延伸到与铅垂的圆柱孔相通，这两个圆柱孔相通且直径相等）。

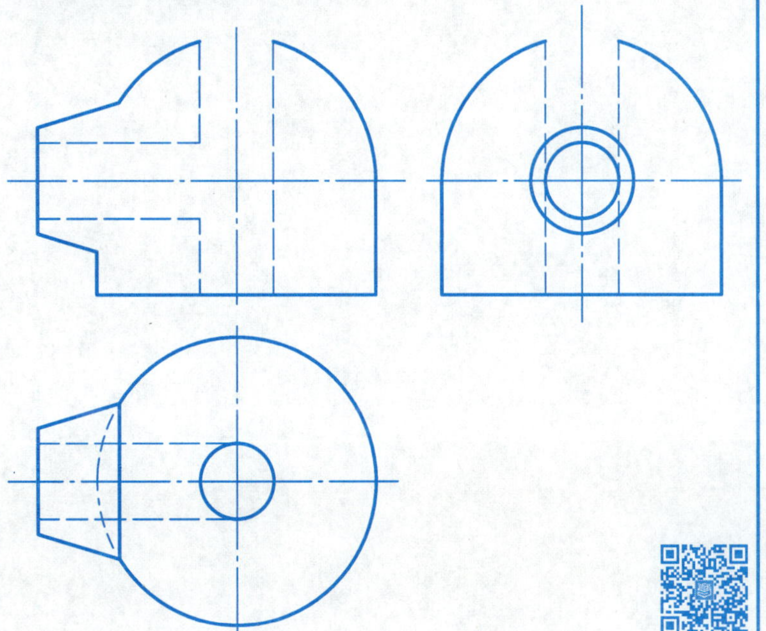

三视图的形成和投影关系（第1、2题补画组合体视图中所缺图线，第3～7题可参照立体图补画图中所缺图线）

班级　　姓名　　学号

1.

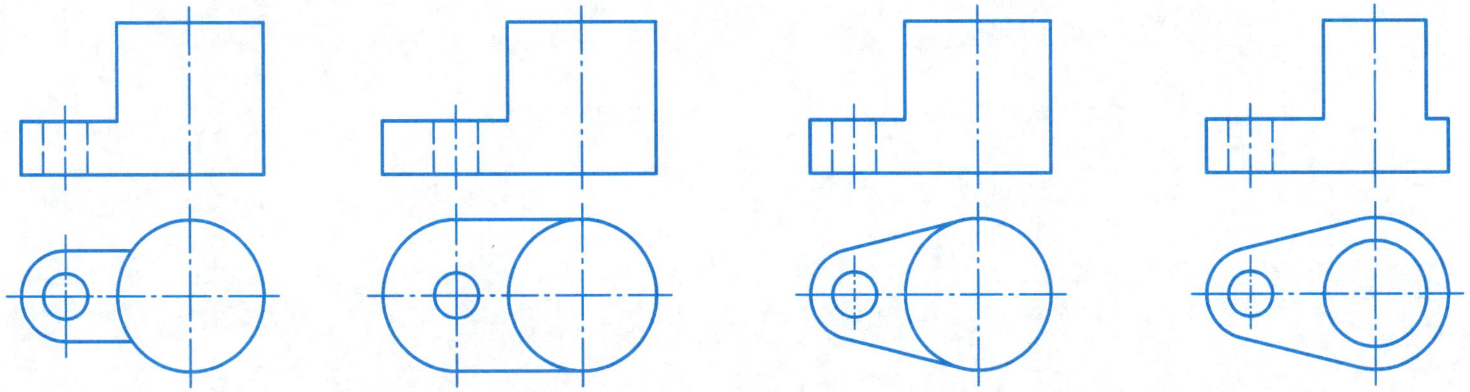

3.

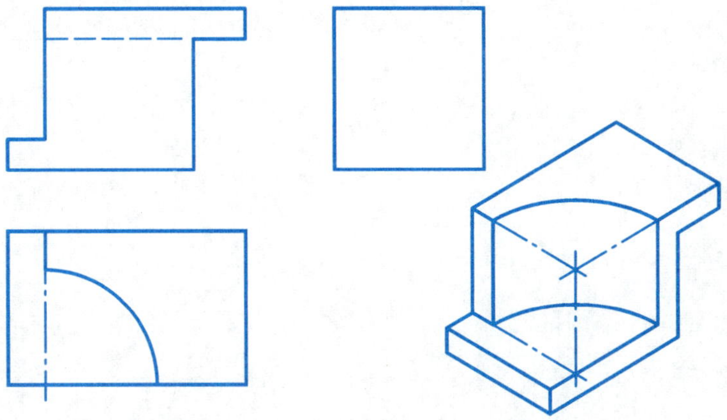

2.

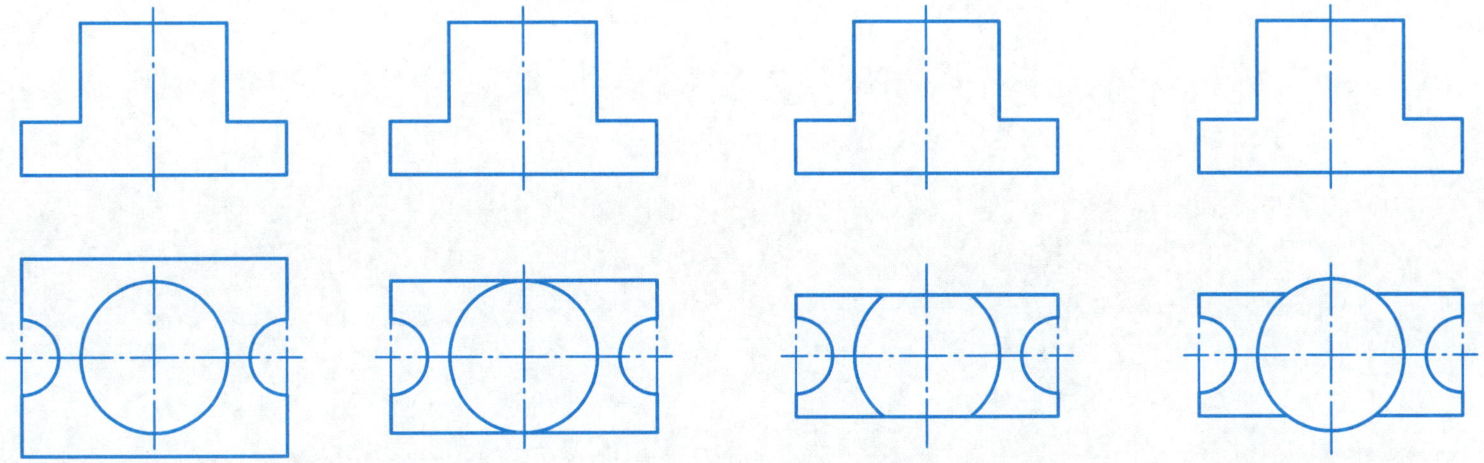

4.

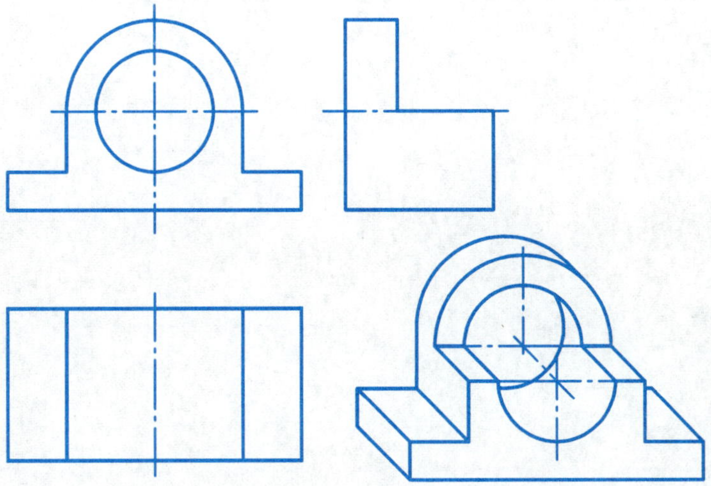

5.

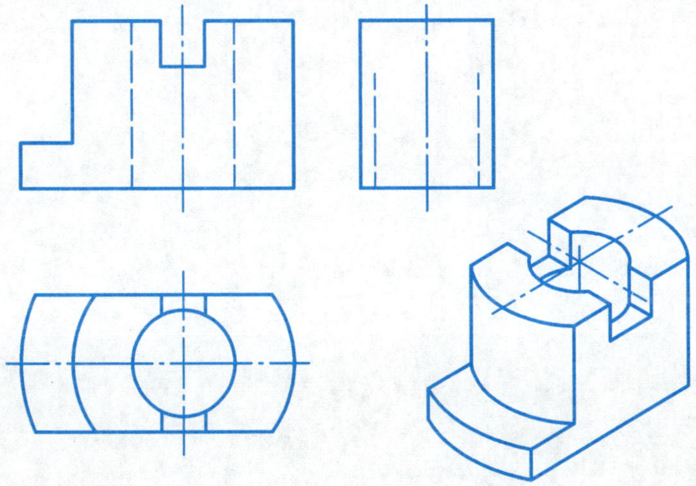

6.

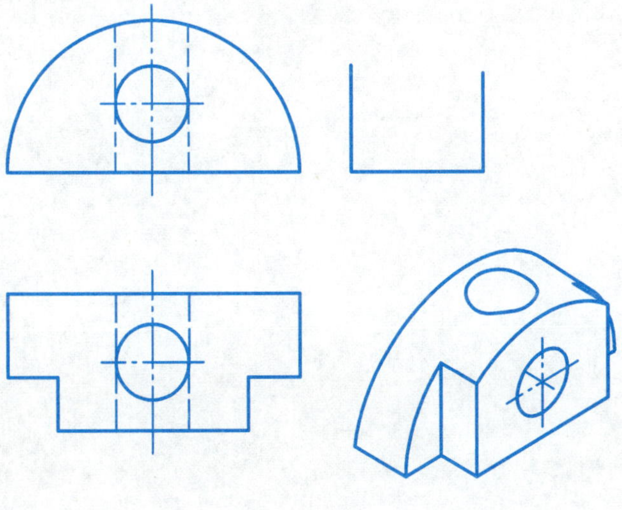

7.

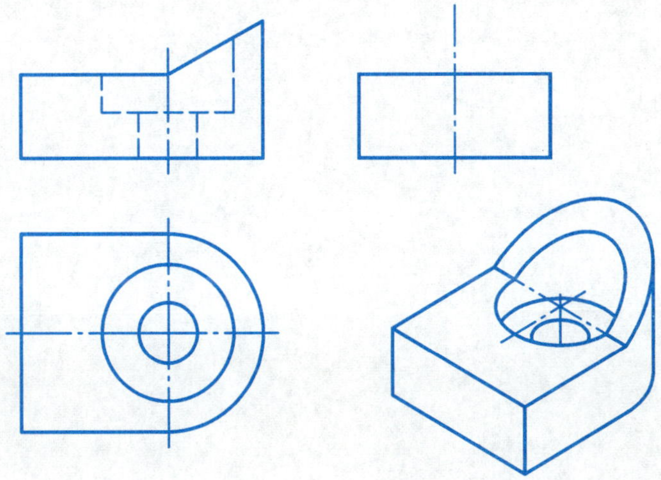

任选六个立体图，分别在下面六个粗线框内按细线格数量画组合体三视图的徒手草图(槽、孔是通槽、通孔，曲面是圆柱面)

班级　　姓名　　学号

1.

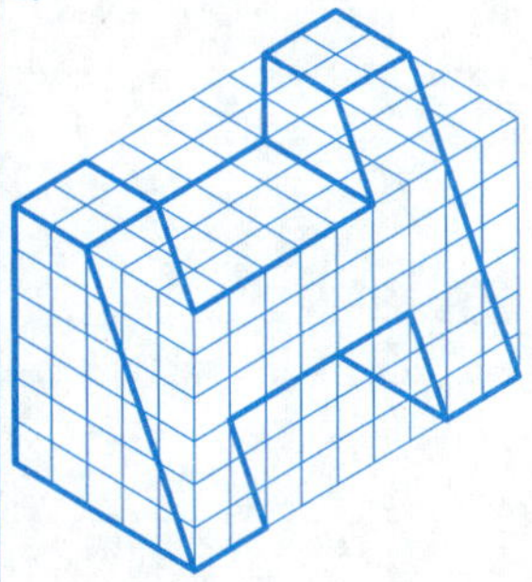

2.

3.

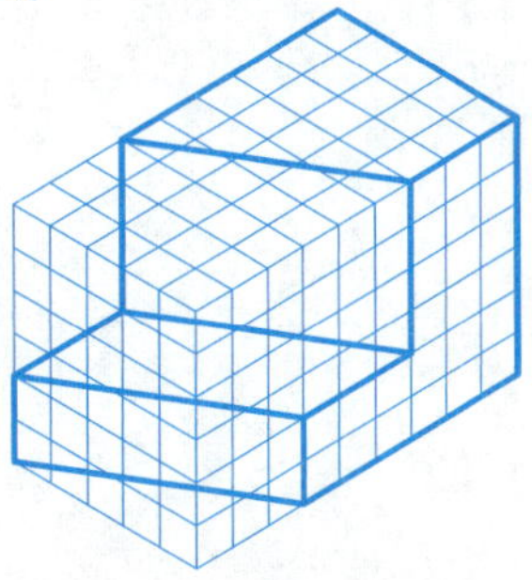

4.

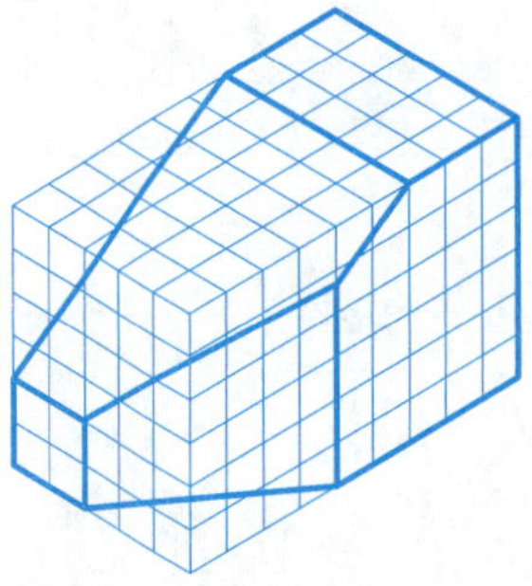

5.

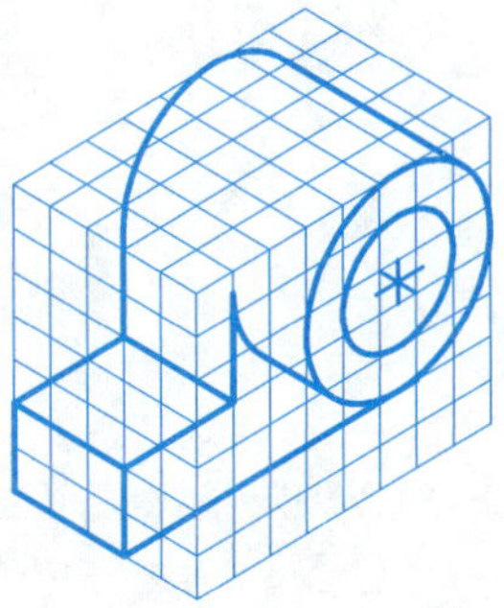

6.

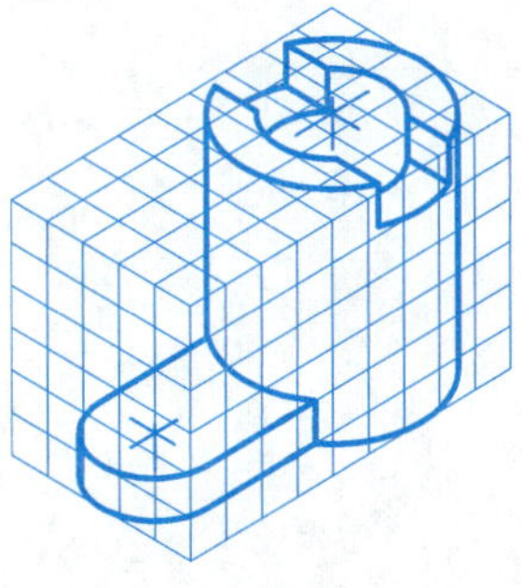

7.

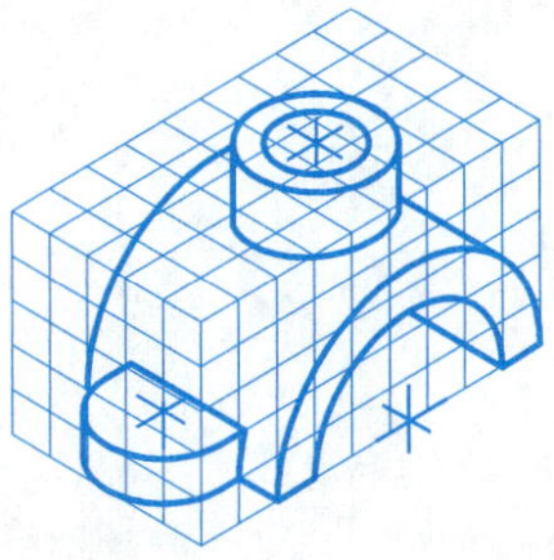

8.

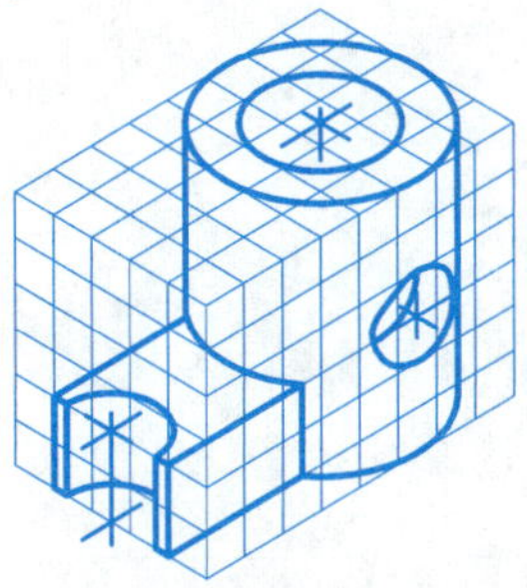

根据立体图上所注尺寸，用1:1的比例画出组合体的三视图（任选两题，孔、槽都是通孔、通槽 ，不注尺寸）

班级　　姓名　　学号

1.

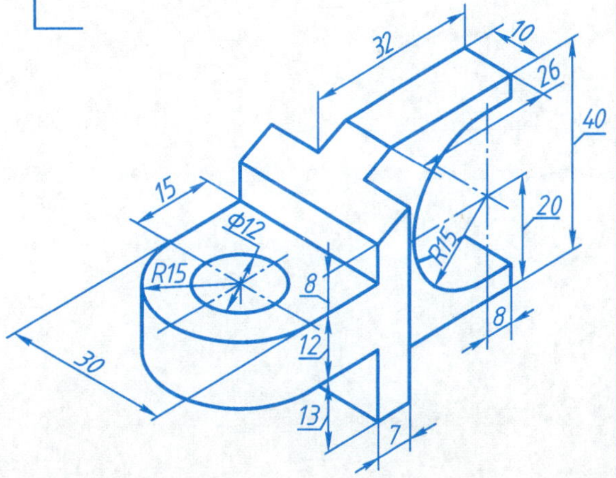

2.

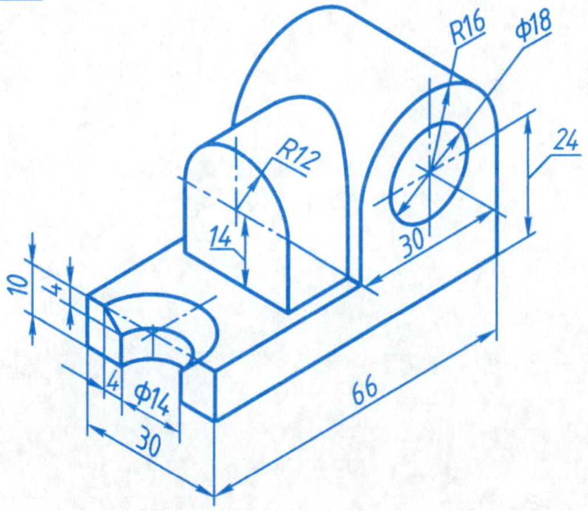

3.

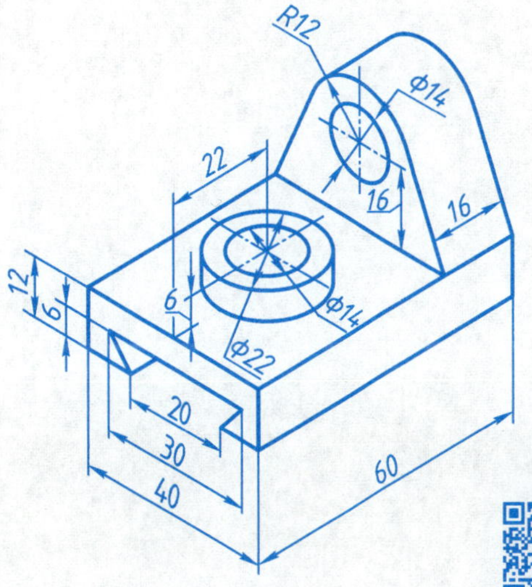

4.

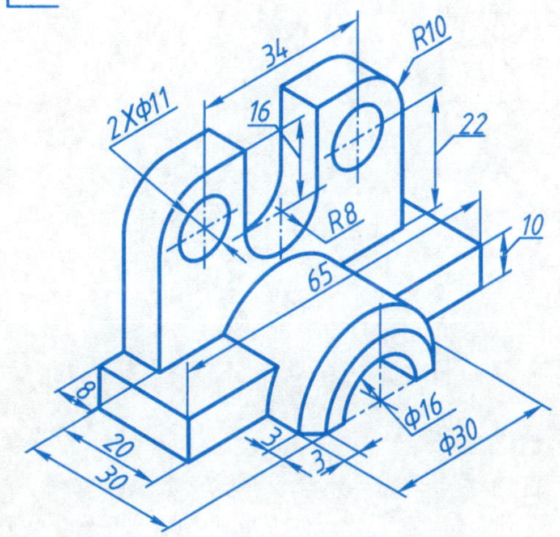

1.

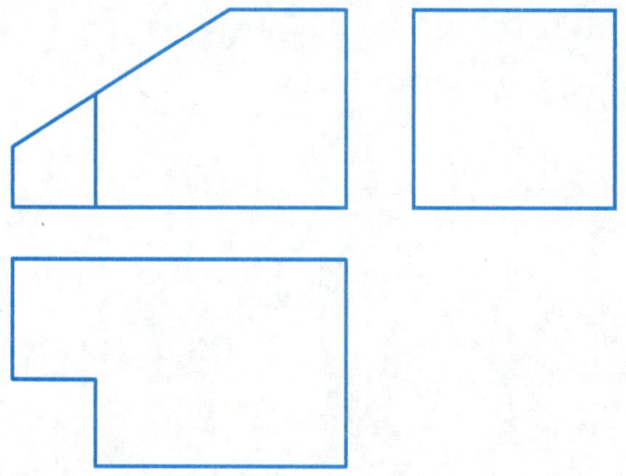

2.

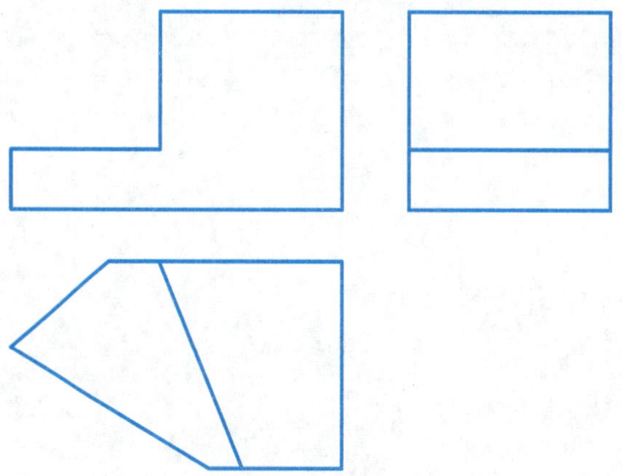

3.

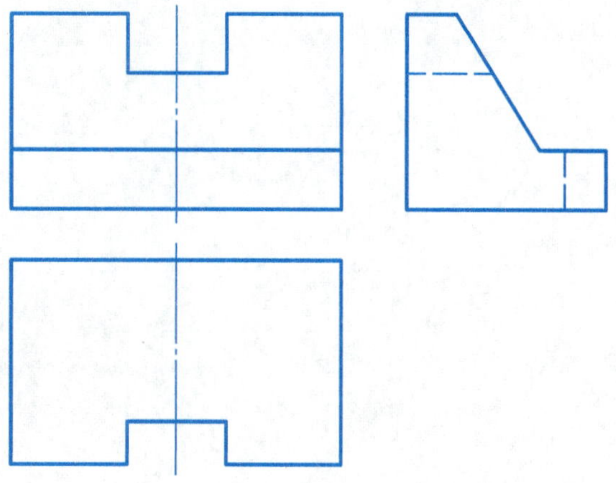

4.

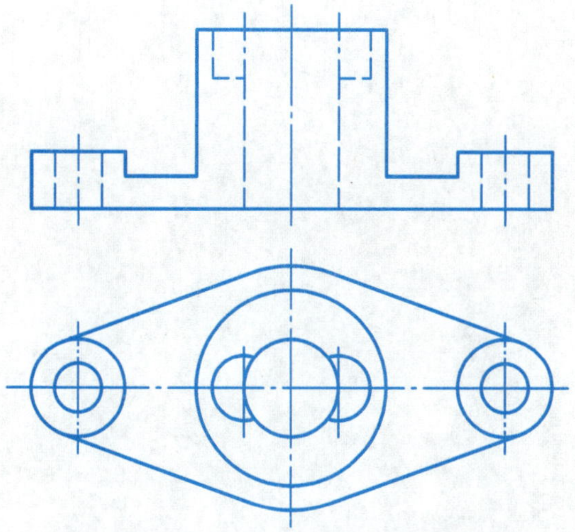

5.

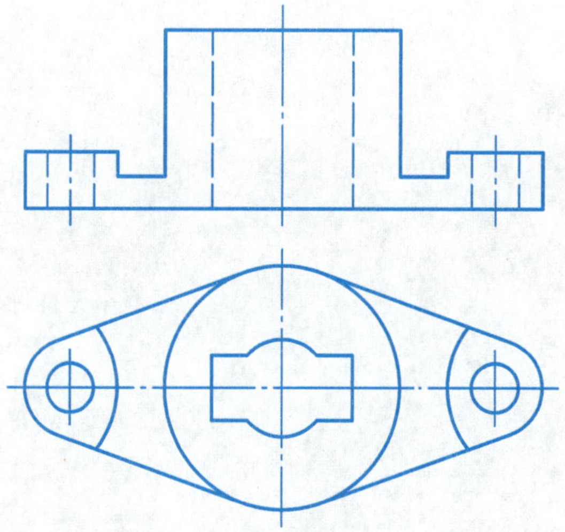

6.

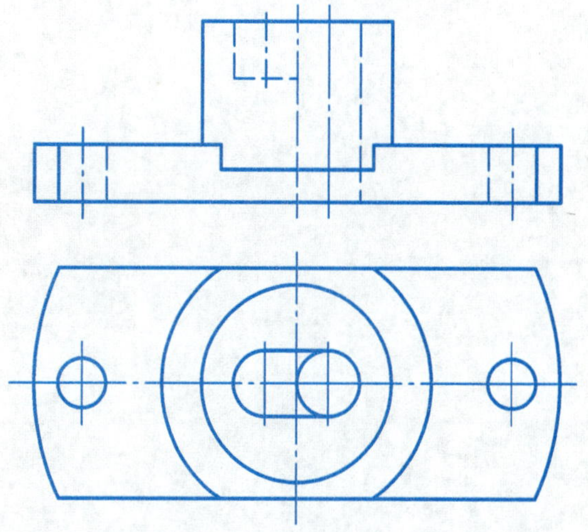

7.

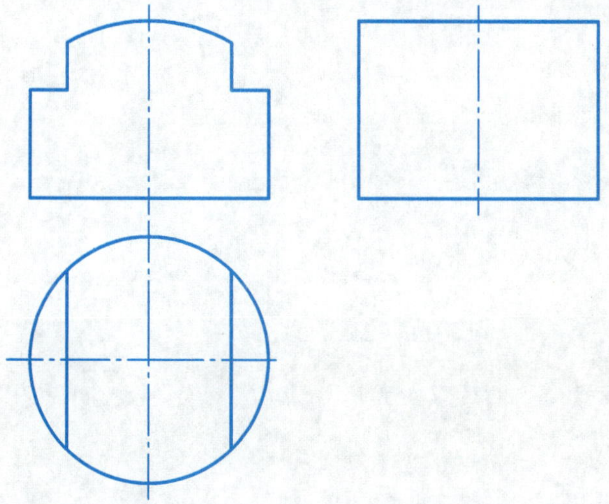

*8.

9.

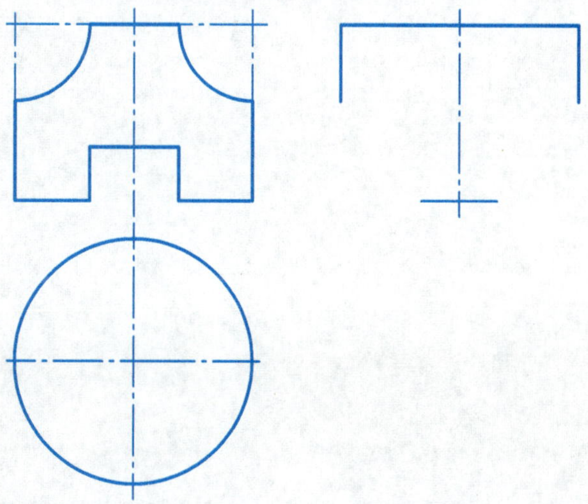

1.

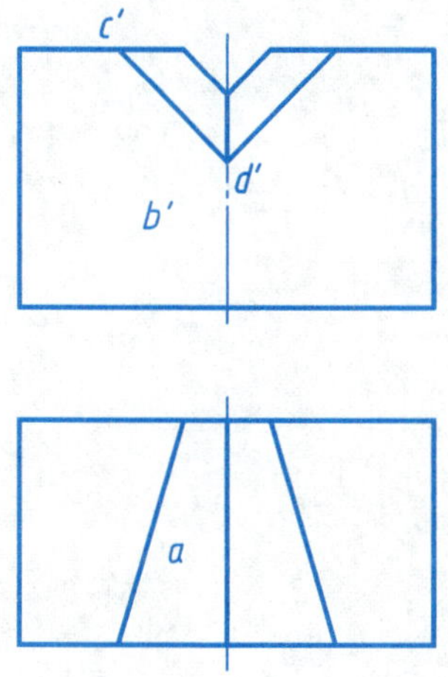

(1) 面A是________面；

(2) 面B是________面；

(3) CD是________线。

2.

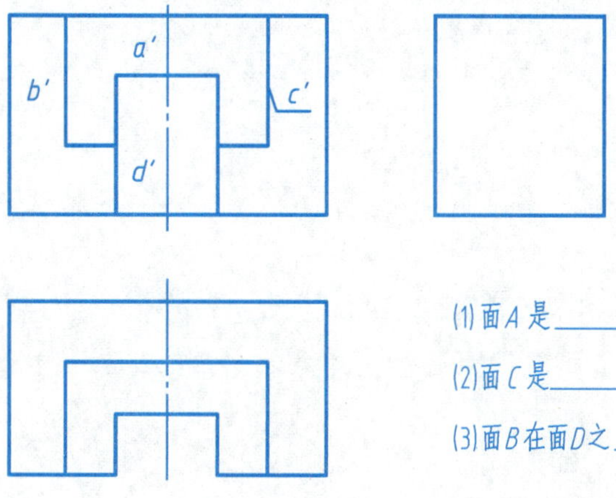

(1) 面A是________面；

(2) 面C是________面；

(3) 面B在面D之________。

3.

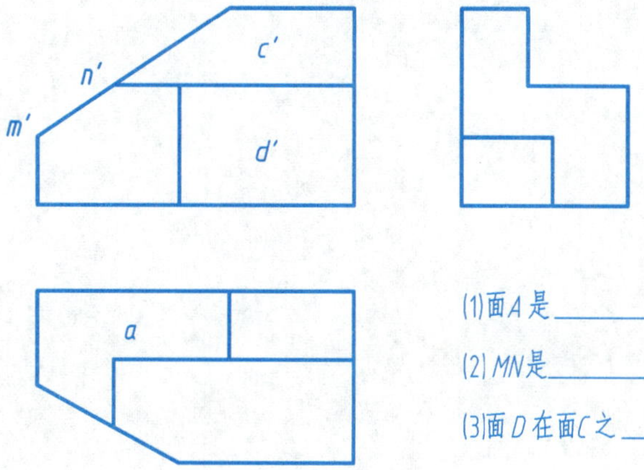

(1) 面A是________面；

(2) MN是________线；

(3) 面D在面C之________。

4.

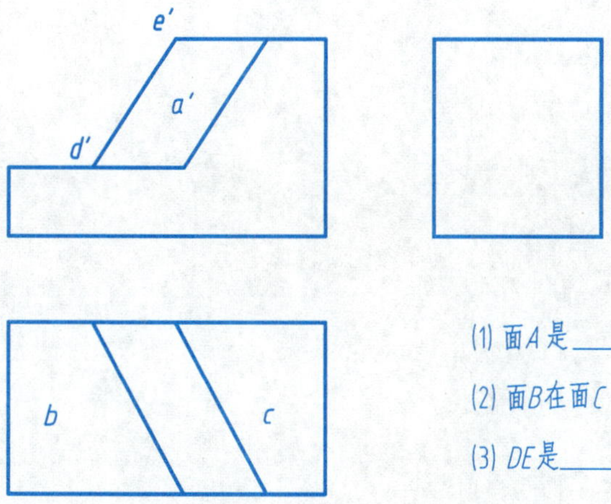

(1) 面A是________面；

(2) 面B在面C之________；

(3) DE是________线。

5.

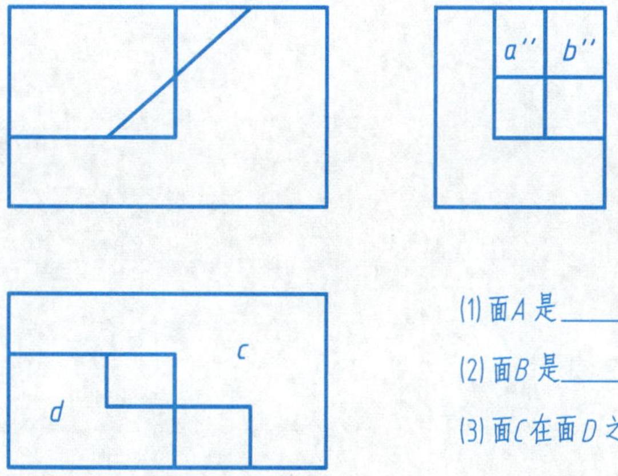

(1) 面A是________面；

(2) 面B是________面；

(3) 面C在面D之________。

6.

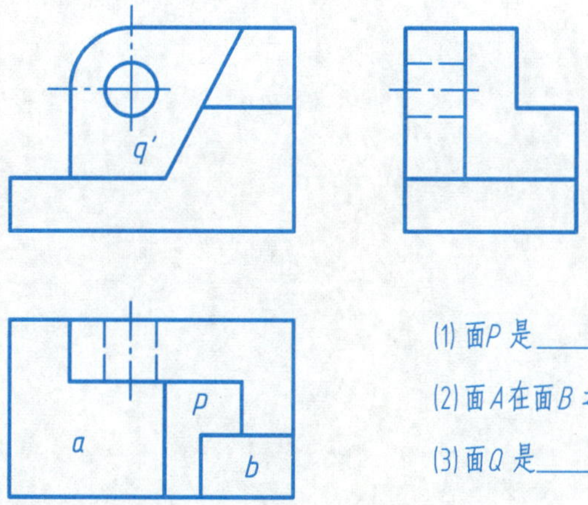

(1) 面P是________面；

(2) 面A在面B之________；

(3) 面Q是________面。

7.

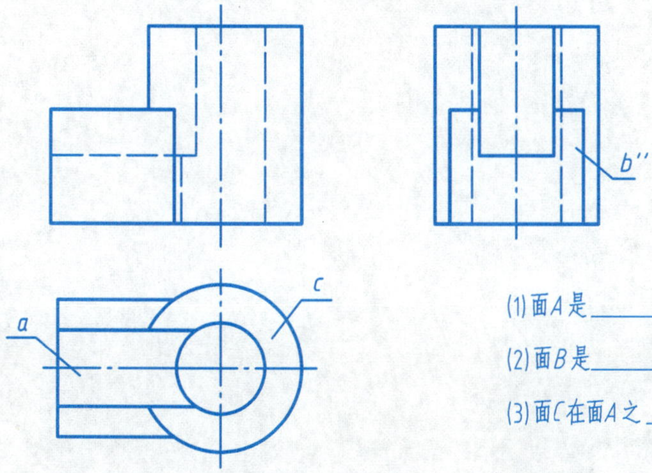

(1) 面A是________面；

(2) 面B是________面；

(3) 面C在面A之________。

8.

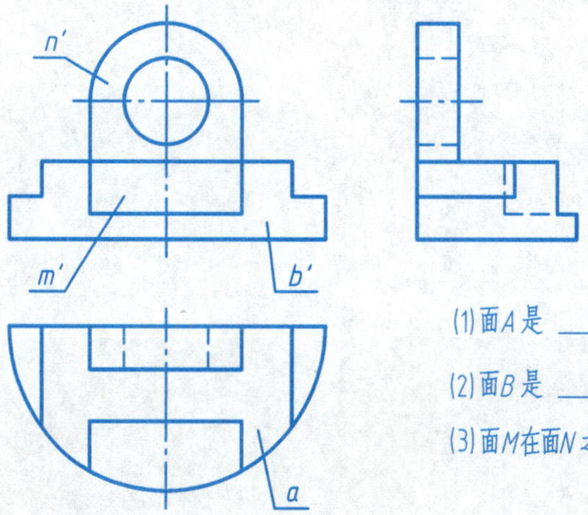

(1) 面A是________面；

(2) 面B是________面；

(3) 面M在面N之________。

9.

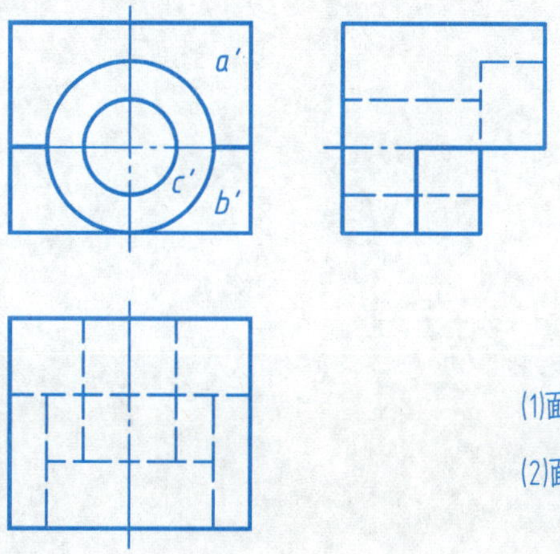

(1) 面A在面B之________；

(2) 面B在面C之________。

读图初步（第1、2题由物体的主、俯视图选择正确的左视图，在括号内画√号；第 3 、4 题按要求在圆圈内或表格内填写相应编号）　班级　　　姓名　　　学号　　　

1.

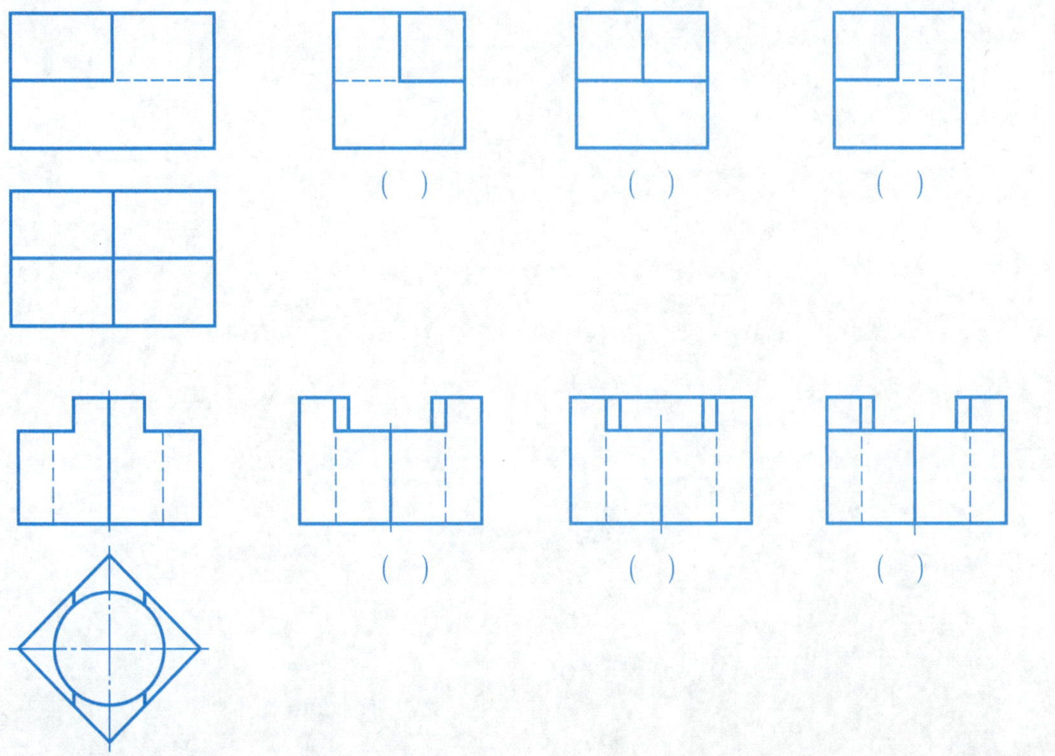

2.

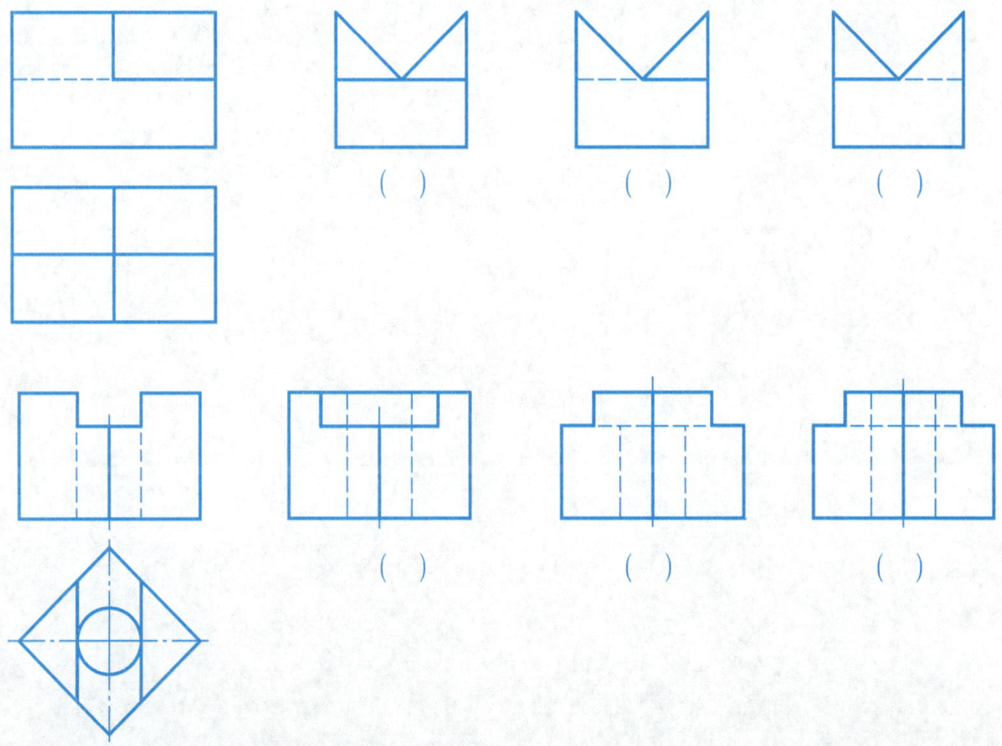

3. 选择三视图右侧与其相对应的立体图编号填入圆圈内。

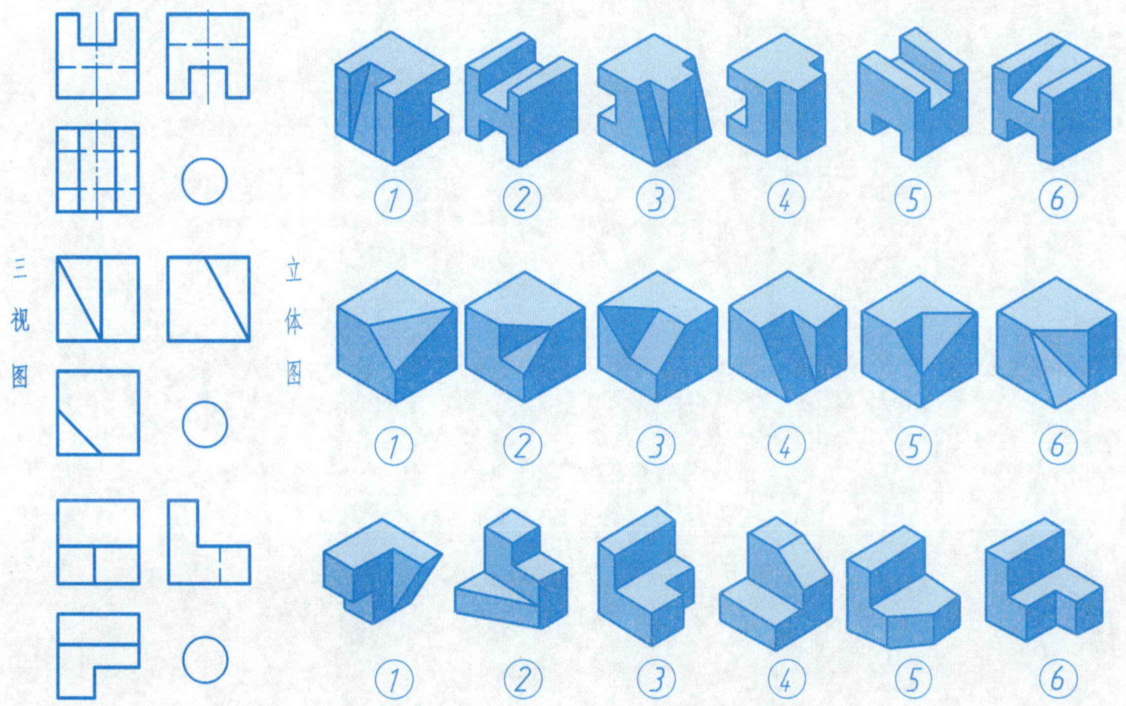

4. 选择与主视图相对应的俯视图及立体图的编号填入表格内。

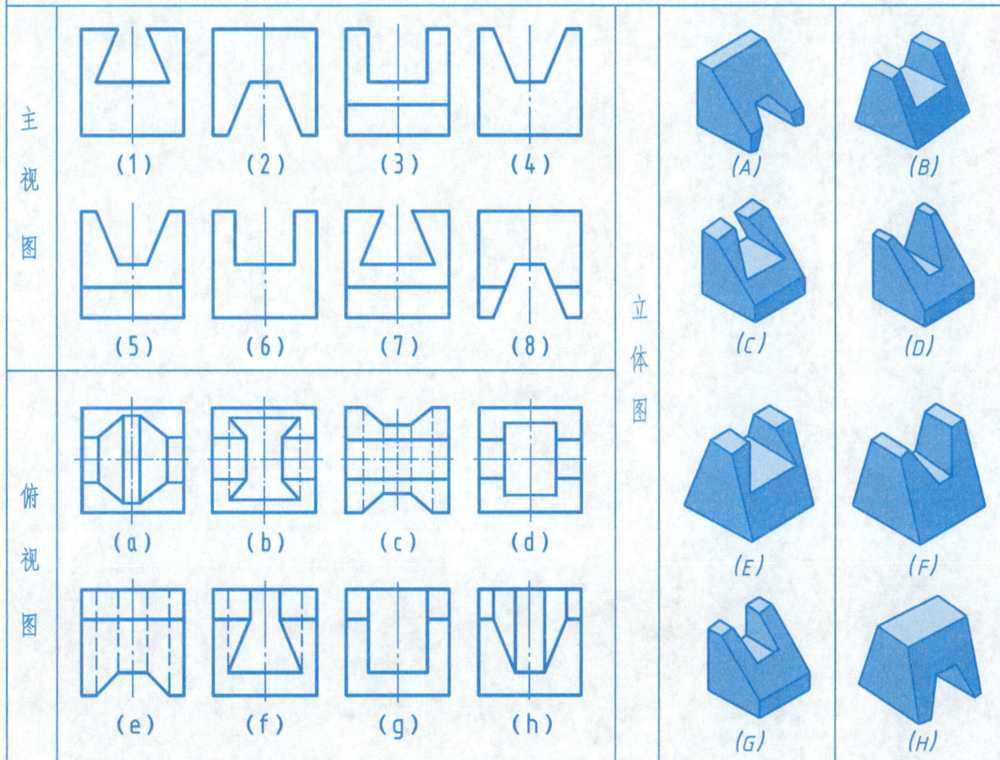

主视图	俯视图	立体图
(1)		
(2)		
(3)		
(4)		
(5)		
(6)		
(7)		
(8)		

1.

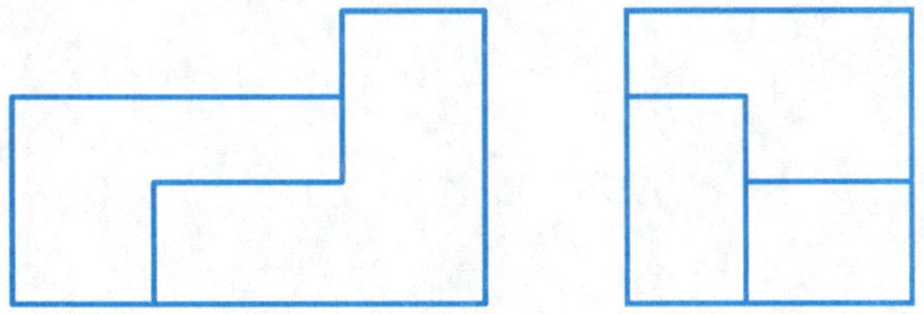

2.

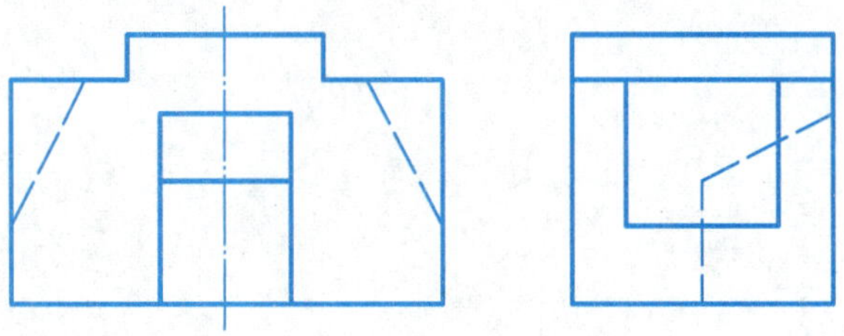

3.

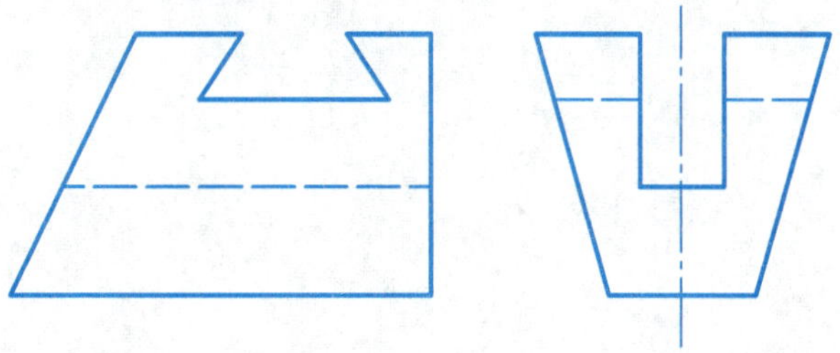

4.

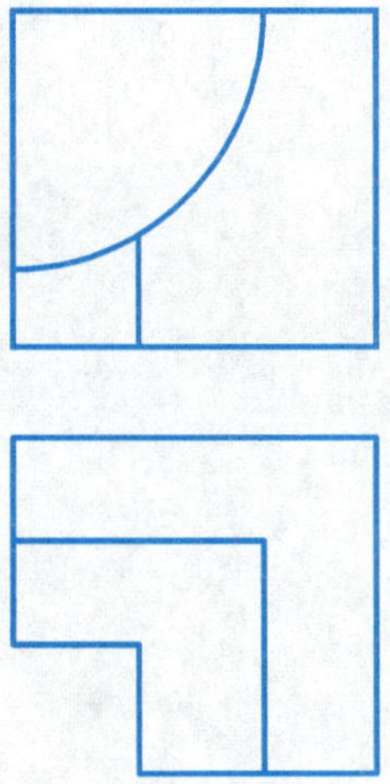

5.

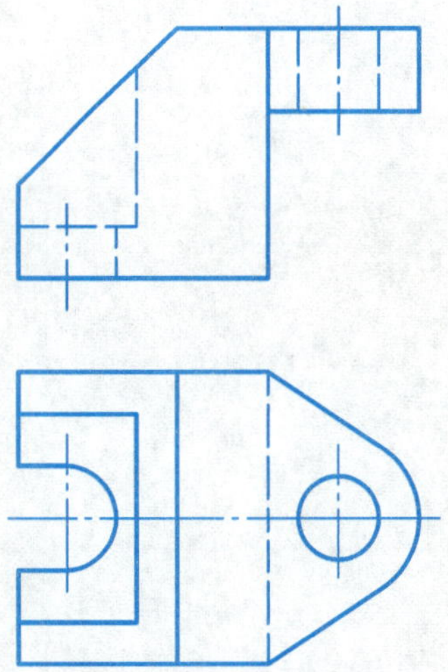

6.

7.

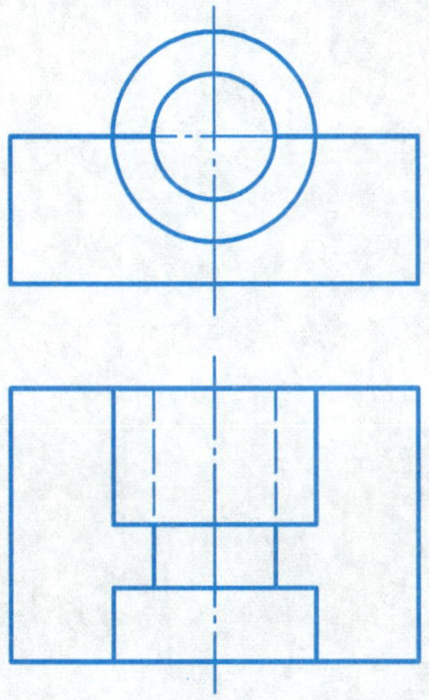

8.

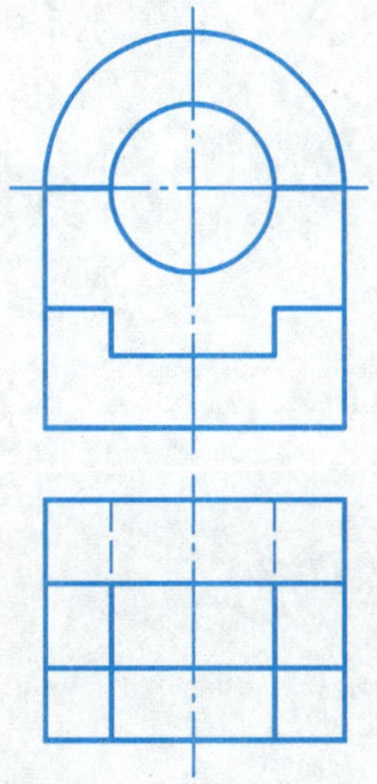

9.

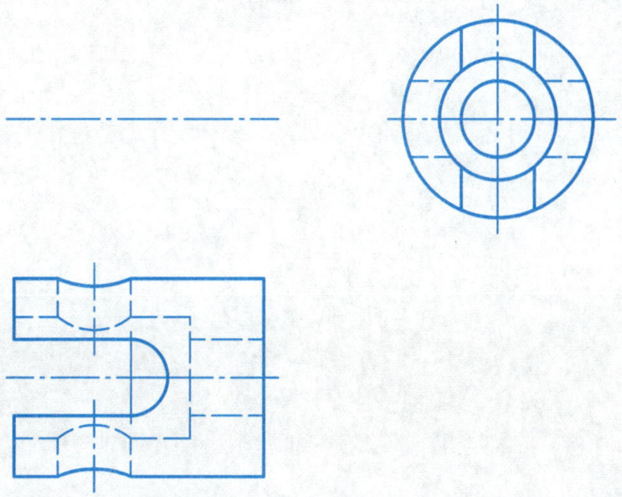

读懂两视图后，补画第三视图（二）　班级　姓名　学号

1.

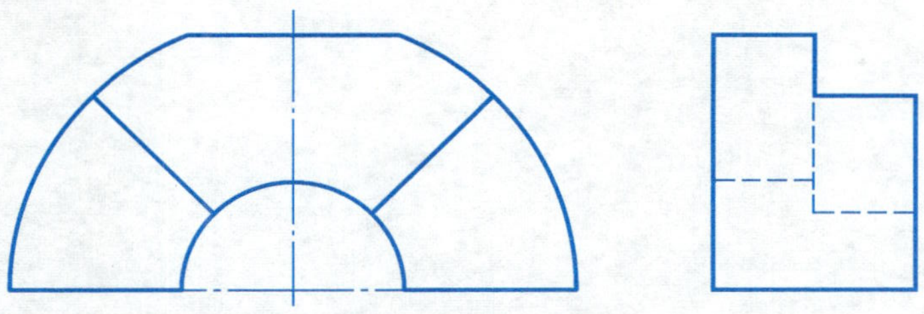

2.

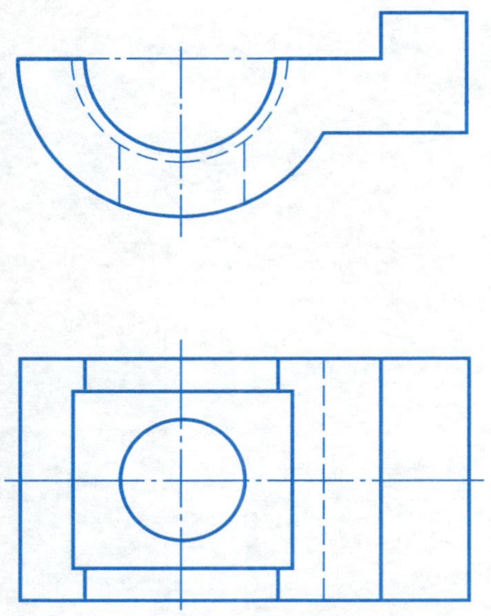

3.

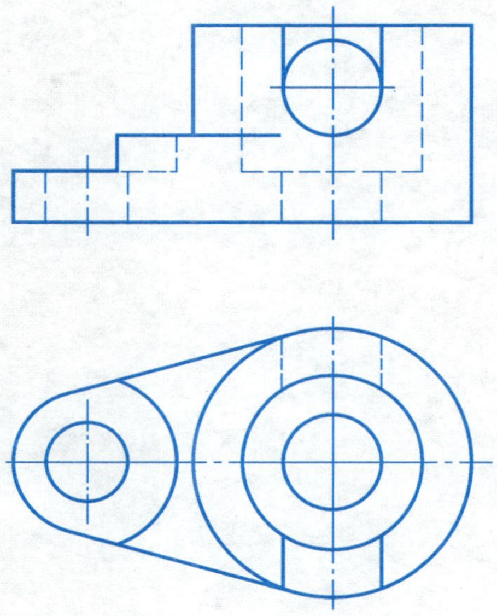

4.

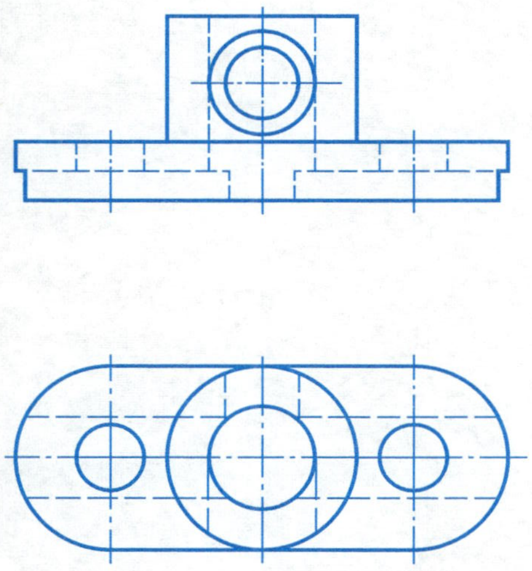

5.

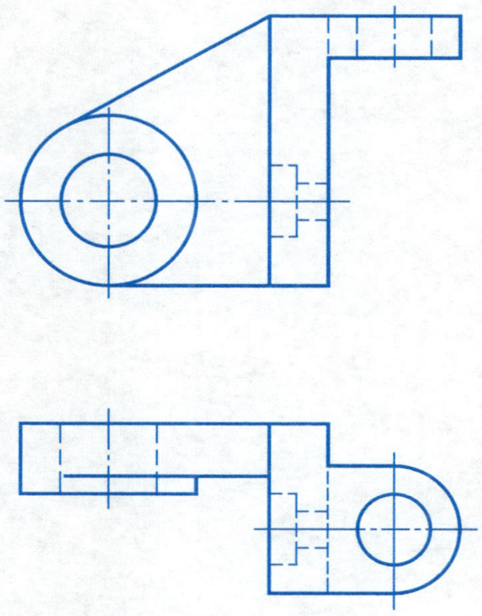

注：侧平板上的槽与孔壁都是圆柱面。

6.

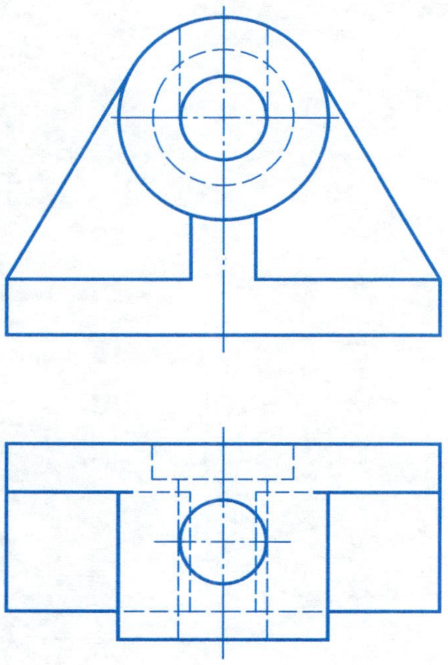

组合体的尺寸标注（第1题按立体图标注尺寸，第2～5题采用从视图中直接量取的方式标注尺寸，数值取整数）

班级　　姓名　　学号

1.

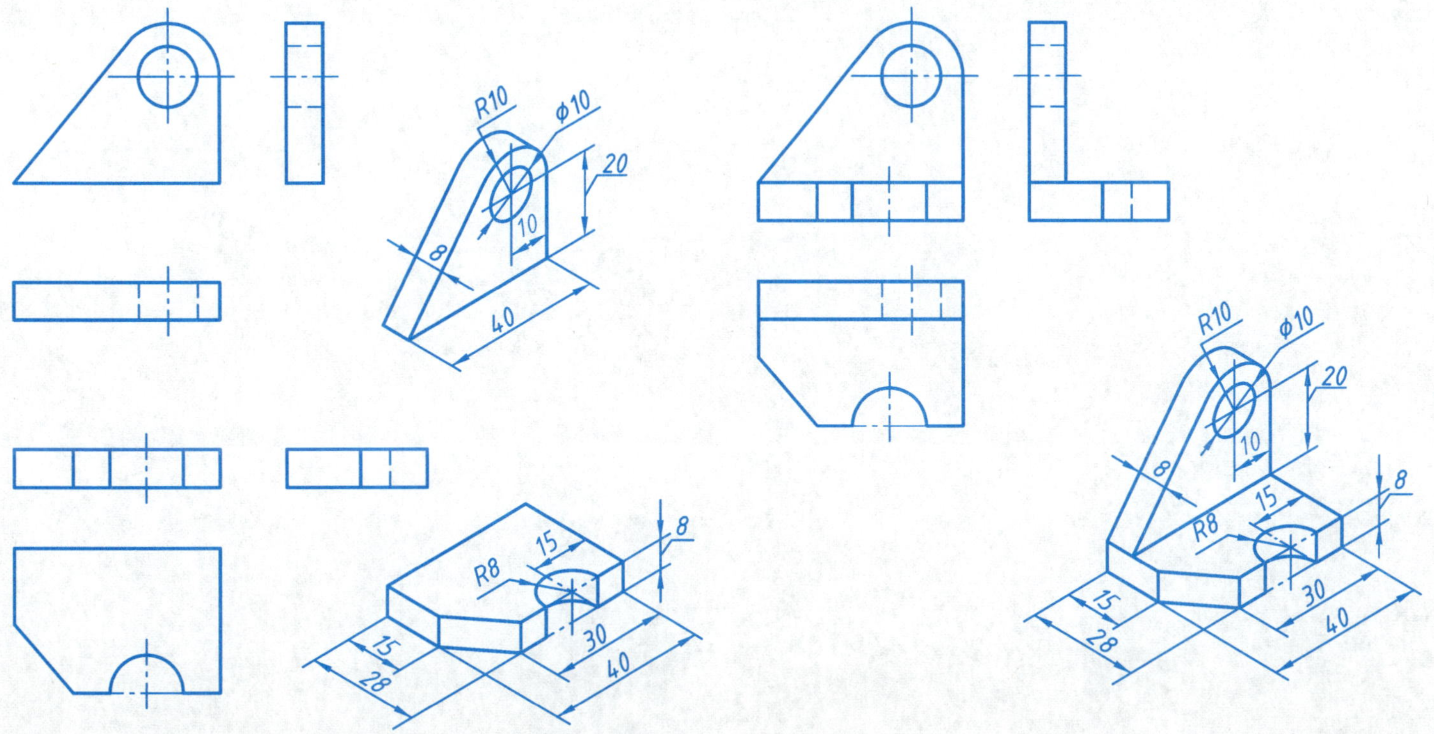

2.

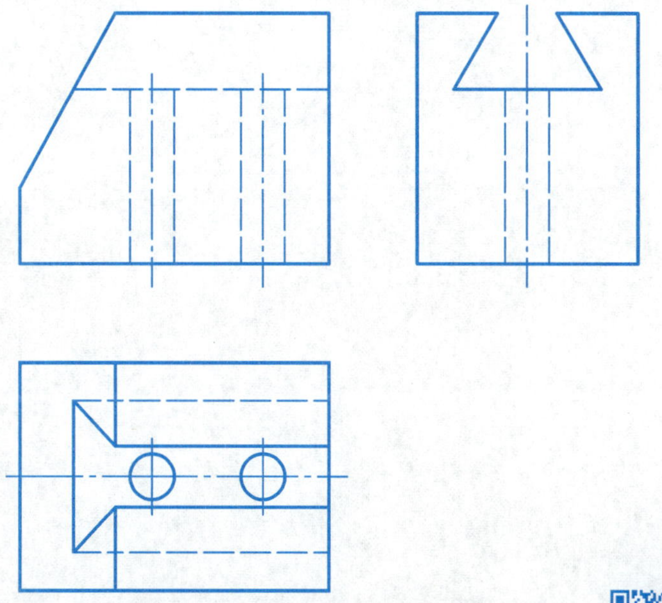

3.

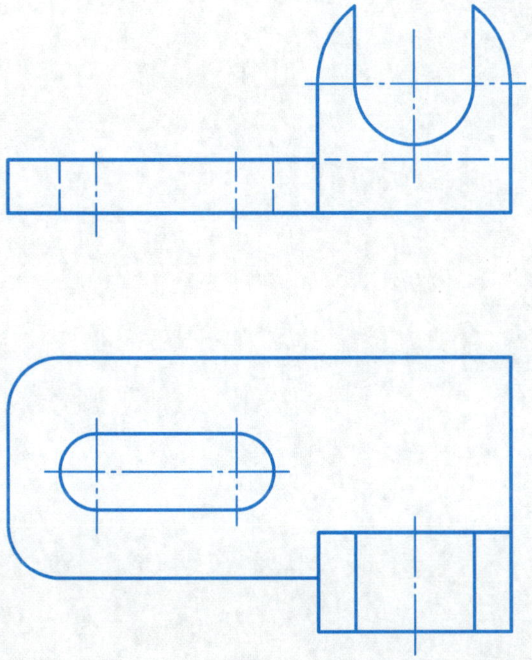

4.

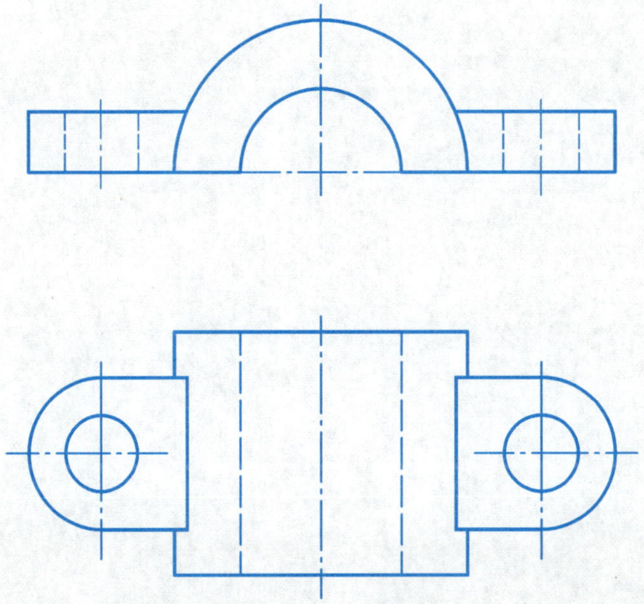

5.

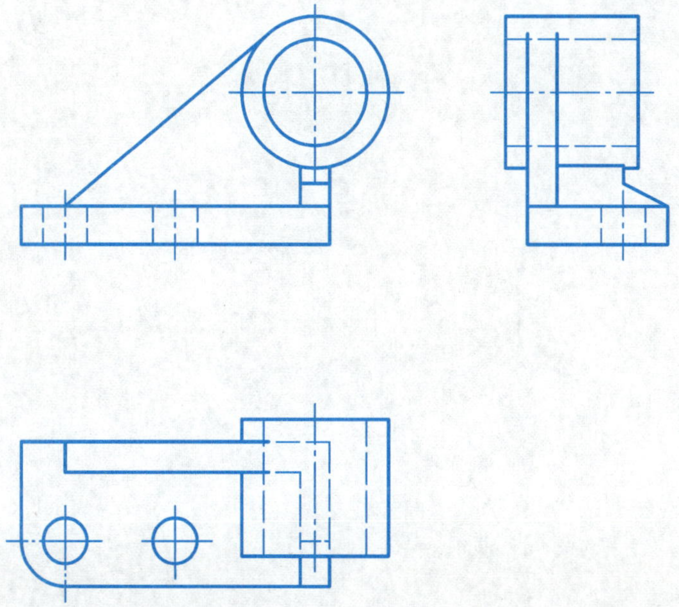

第二次制图作业——投影制图（一）

一、目的、内容与要求

1. 目的、内容：进一步理解与巩固“物”与“图”之间的对应关系，运用形体分析法，根据立体图（或模型）绘制组合体的三视图，并标注尺寸。本作业的模型或立体图由教师提供，也可以从本页的5个分题中选用1或2个分题（图中的孔、槽都是通孔、通槽）。

2. 要求：完整地表达组合体的内、外形状。标注尺寸要完整、清晰，并符合国家标准。

二、图名、图幅、比例

1. 图名：投影制图（一）。2. 图幅：A3图纸。3. 比例：1:2。

三、绘图步骤与注意事项

1. 对所绘组合体进行形体分析，选择主视图，按立体图所注尺寸（或模型实际大小）布置三个视图的位置（注意视图之间预留标注尺寸的位置），画出各视图的对称中心线、轴线和底面（顶面）位置线。

2. 逐步画出组合体各部分的三视图（注意表面相切或相贯时的画法）。

3. 标注尺寸时应注意：不要照搬立体图上标注的尺寸，应重新考虑视图上尺寸的配置以尺寸完整、注法符合标准、配置适当为原则。

4. 完成底稿，经仔细校核后，清理图面，用铅笔加深。

5. 图面质量与标题栏填写的要求同第一次制图作业。

6. 若画一个分题，则画在一张A3图纸上，图号为02；若画两个分题，则画在两张A3图纸上，图号分别为02和03。

第三次上机练习

1. 目的：初步掌握用AutoCAD画三视图的方法。

2. 内容：第2、5题中任选一题，需标注尺寸并绘制图框和标题栏。

3. 要求：图形正确，布置适当，线型正确，尺寸完整，符合国家标准。

　图名：三视图；图号：CAD-2；图幅：A3图纸；比例：1∶2。

4. 注意事项：绘图时可以用1∶1的比例绘制，插入图框和标题栏时放大2倍，标注尺寸前，修改尺寸样式中“使用全局比例”的值，将其放大2倍。打印时选择A3纸，比例1∶2即可。其他事项参考第二次上机练习。

1.

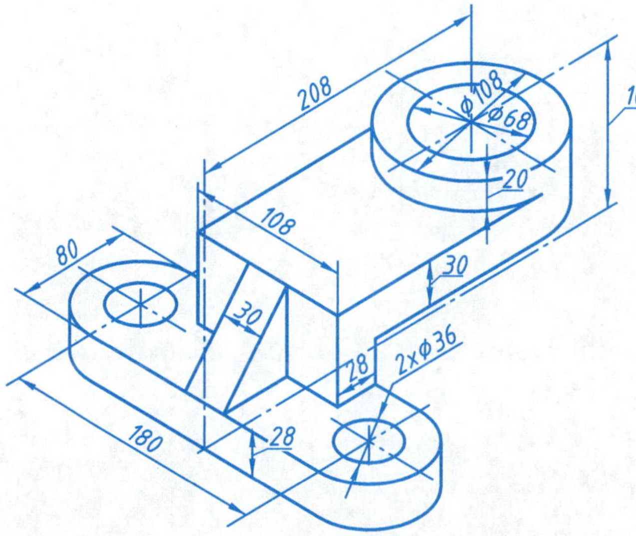

2.

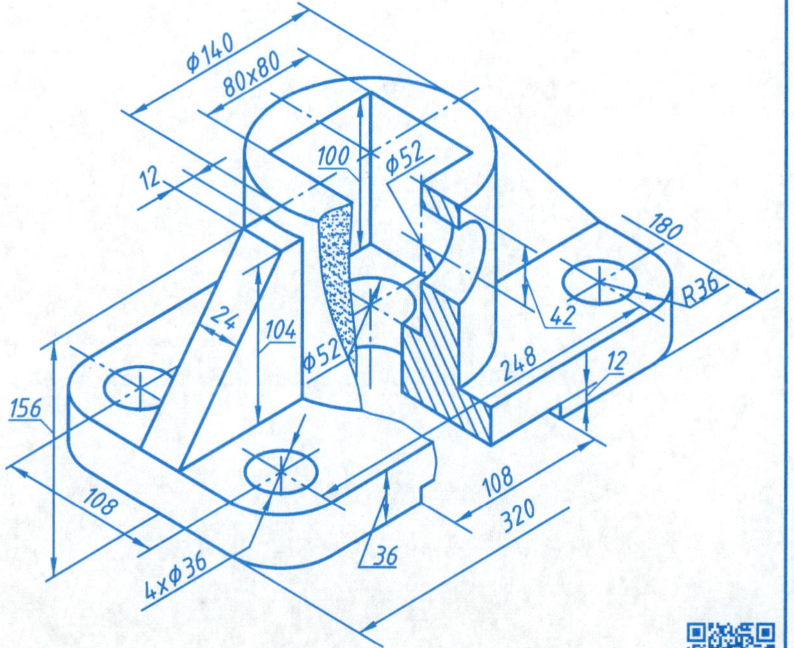

3.

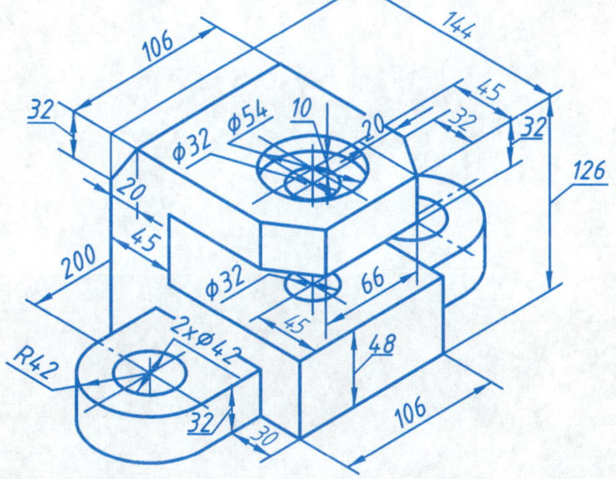

4.

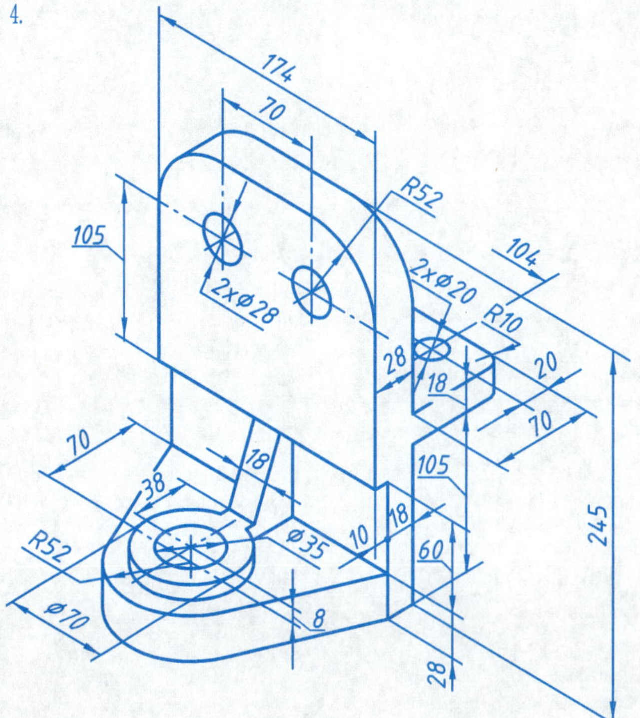

5.

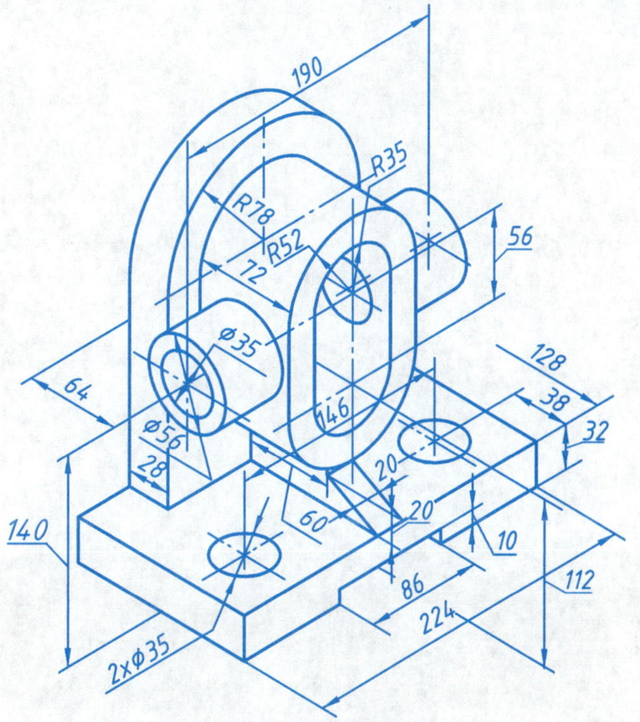

形体构思

班级　　　　姓名　　　　学号

1. 读懂题(1)的三视图，若主视图不变，构思出另外两种形体，在题(2)、(3)处画出俯、左视图。

(1)　　　　(2)　　　　(3)

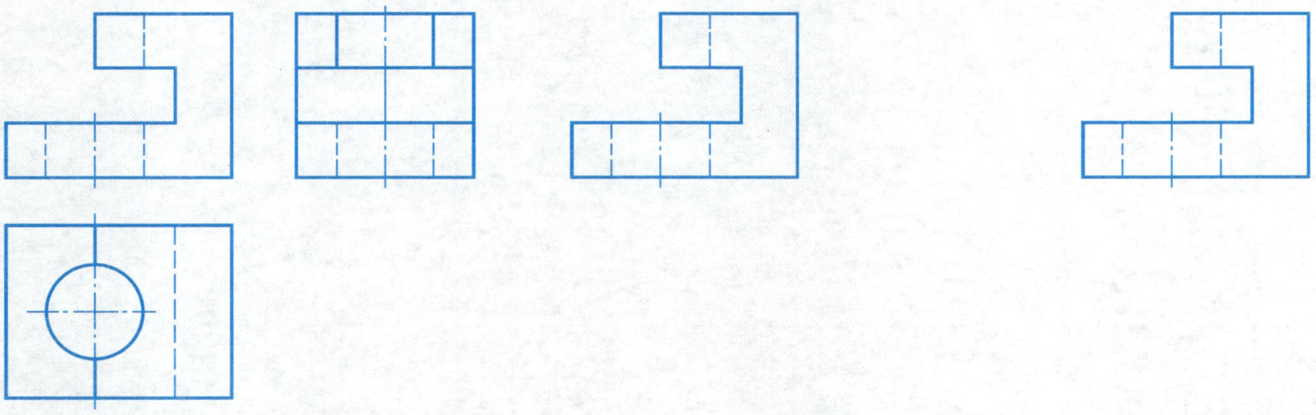

2. 根据给定的俯视图构思不同形状的组合体，并补画它们的主、左视图。

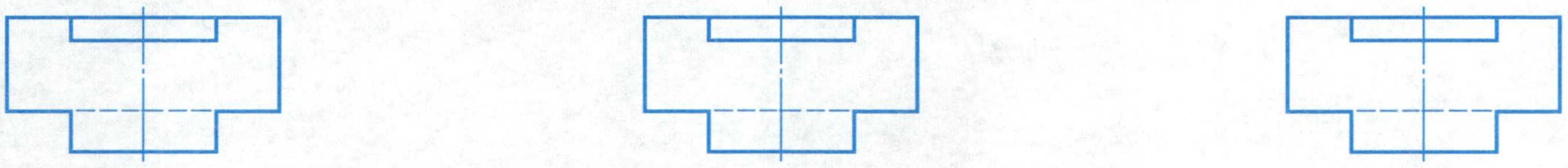

3. 想象组合体的形状，补画左视图。

(1)　　　　(2)　　　　(3)　　　　(4)

4. 想象下列三个组合体的形状，补画左视图。

(1)　　　　(2)　　　　(3)

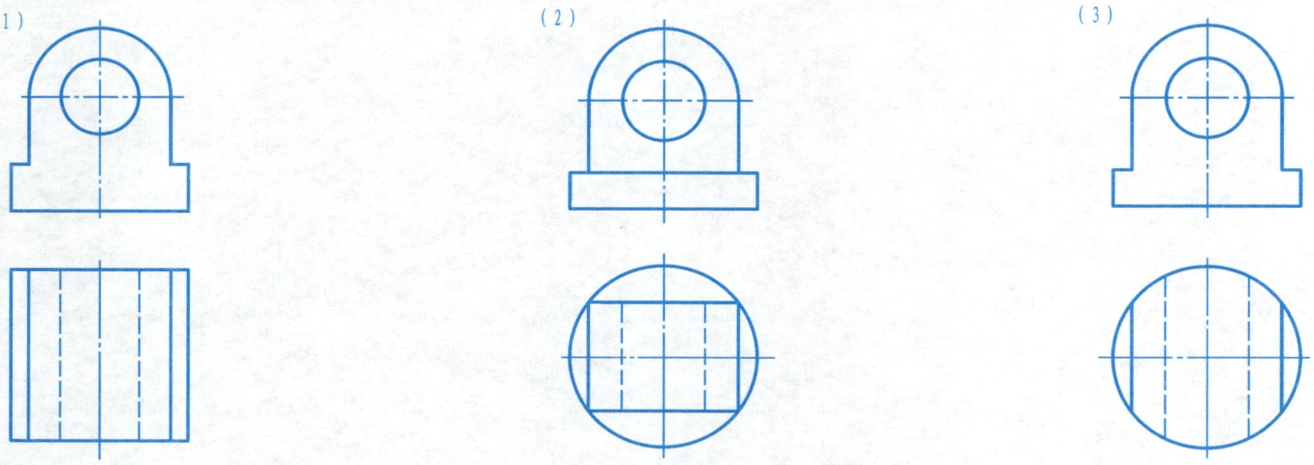

5. 构思一个形体，使其能够完全吻合地分别通过一块板上三个不同形状的孔，画出该形体的三视图。

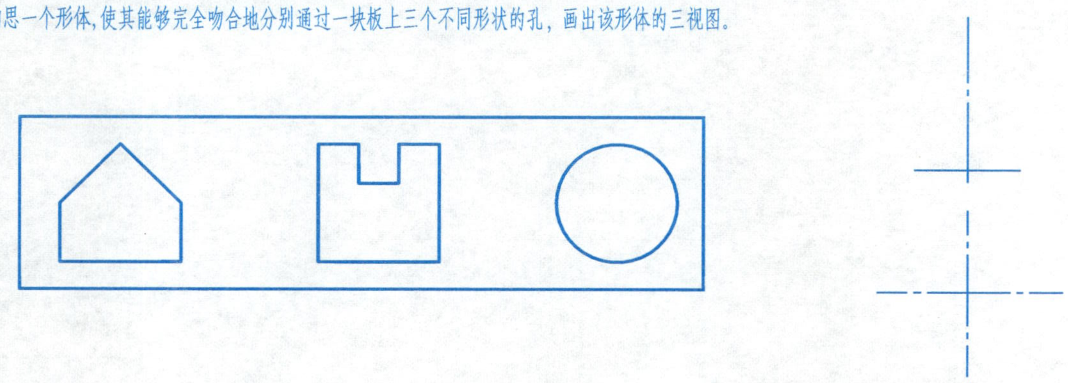

用简化伸缩系数画出物体的正等测（一）

班级 姓名 学号

1.

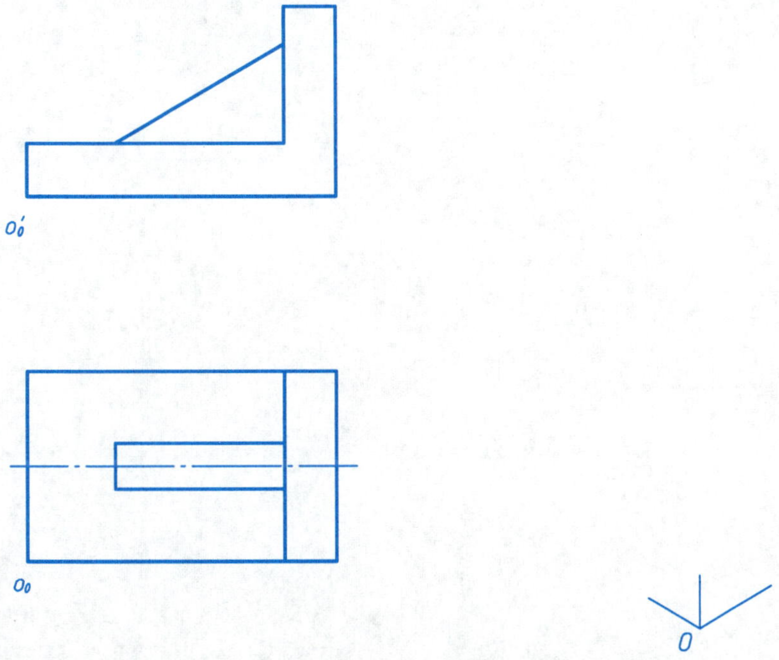

2.

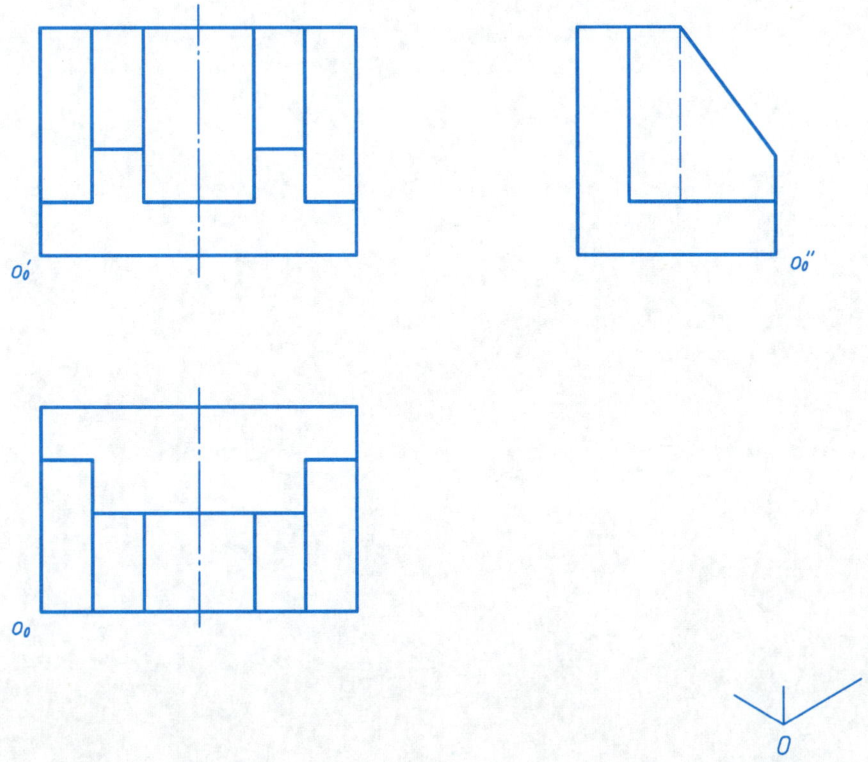

*3.

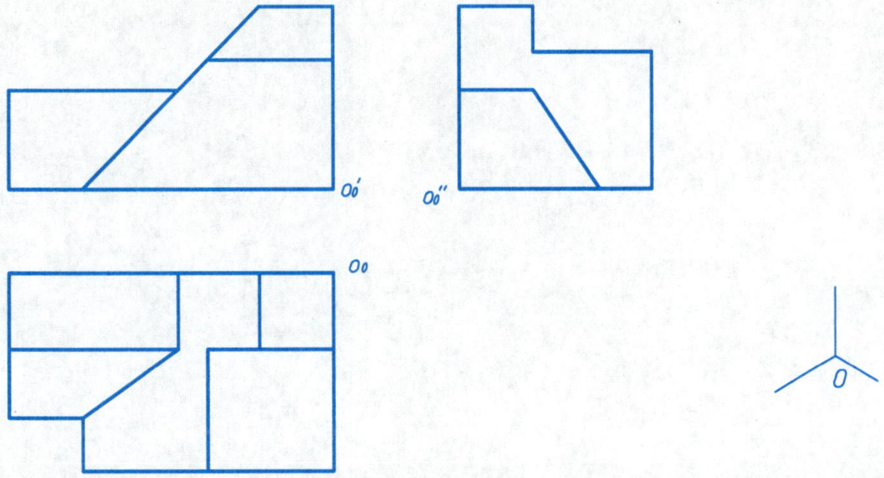

*4.

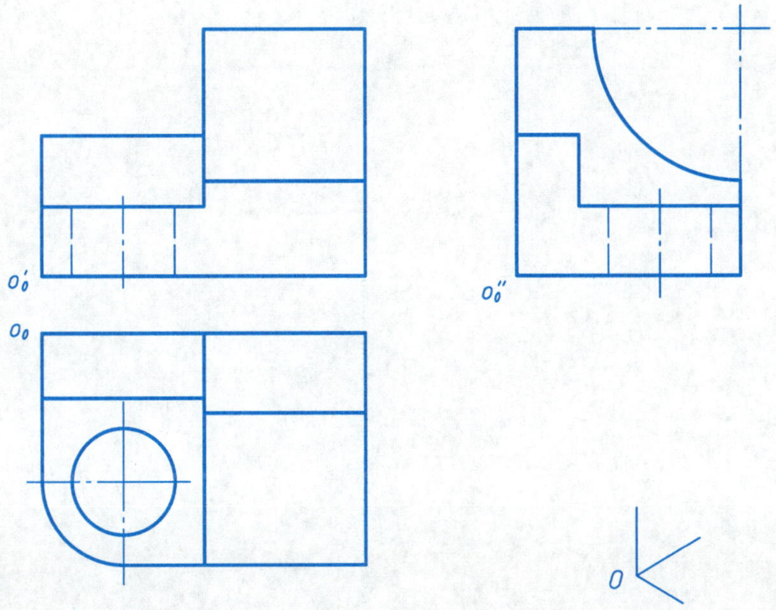

1.

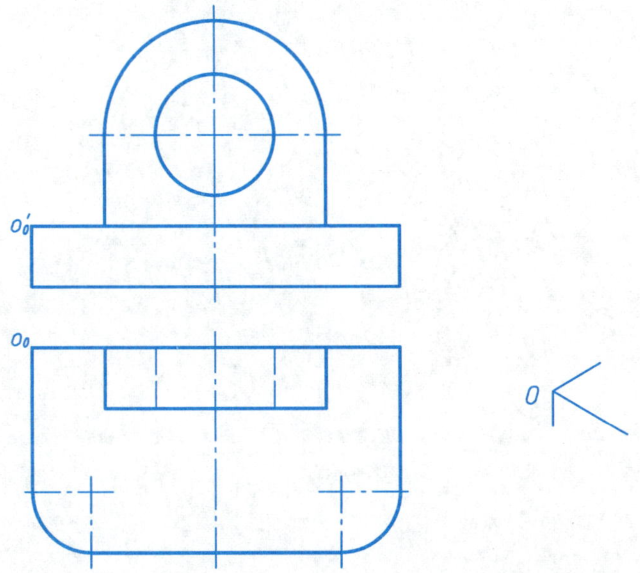

2.

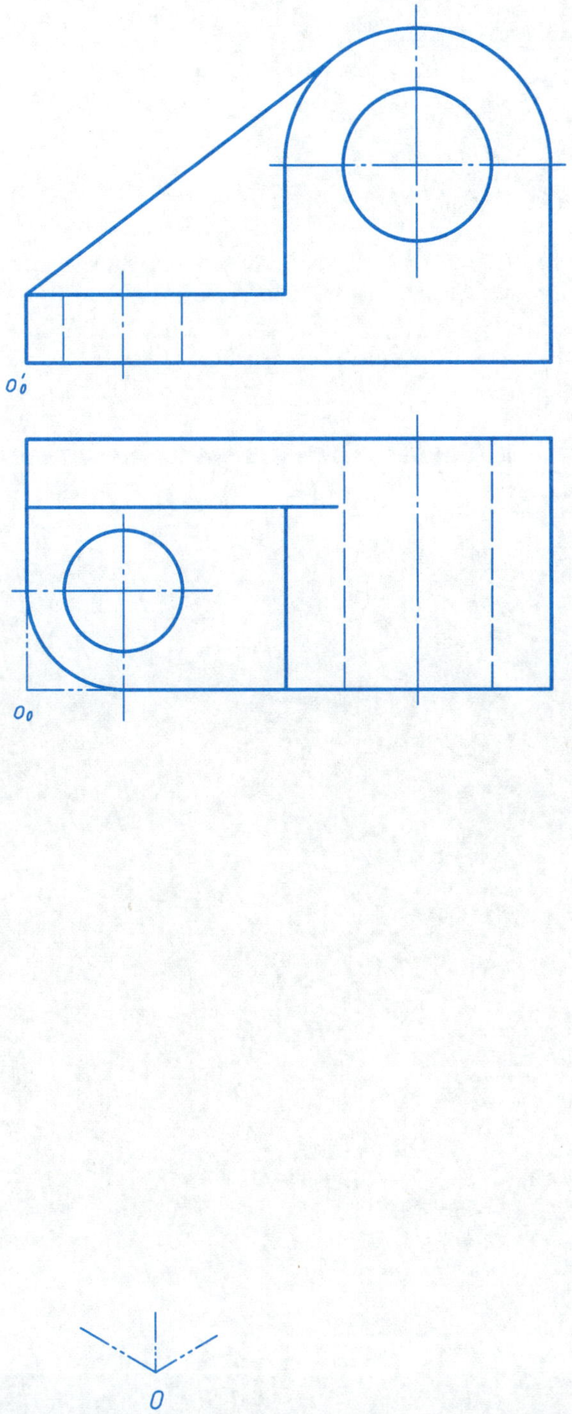

*3.

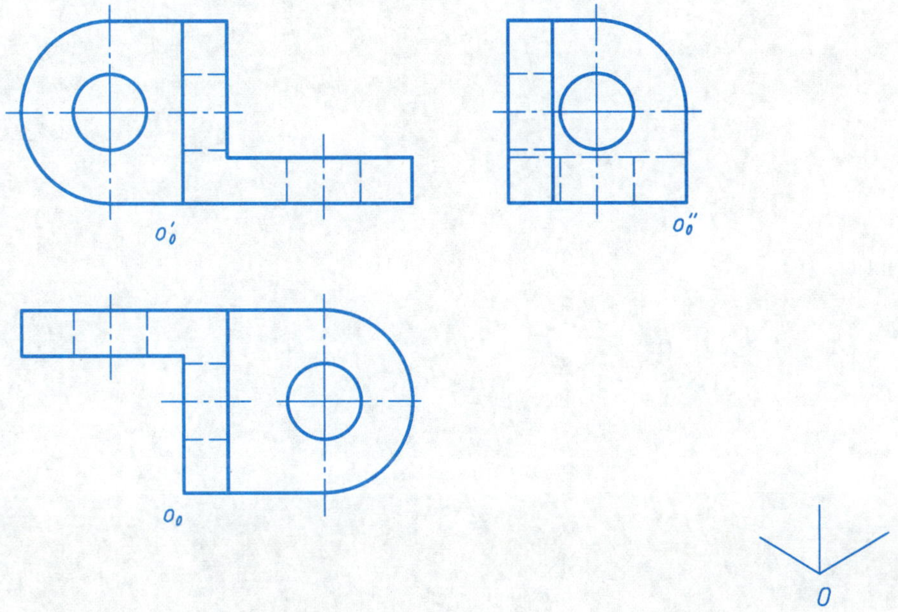

第四次上机练习

1. 目的：初步掌握用AutoCAD画正等轴测图的方法。
2. 内容：画出本页三个题目的正等轴测图(尺寸从图中量取)。

画出物体的斜二测（取$q=1/2$）

班级　　姓名　　学号

1.

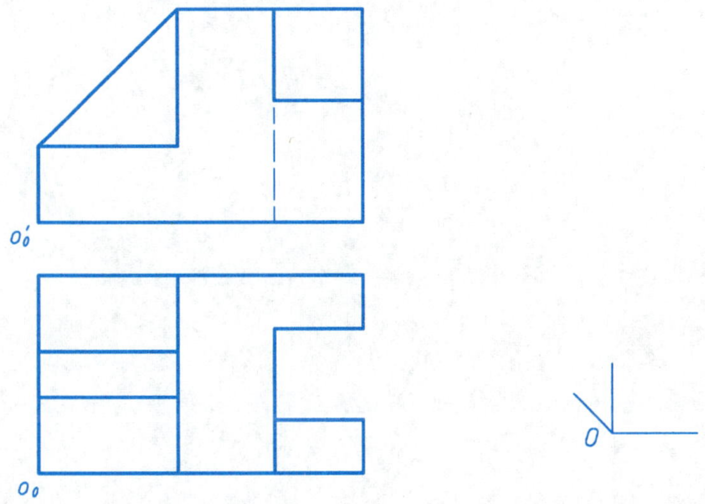

*2.

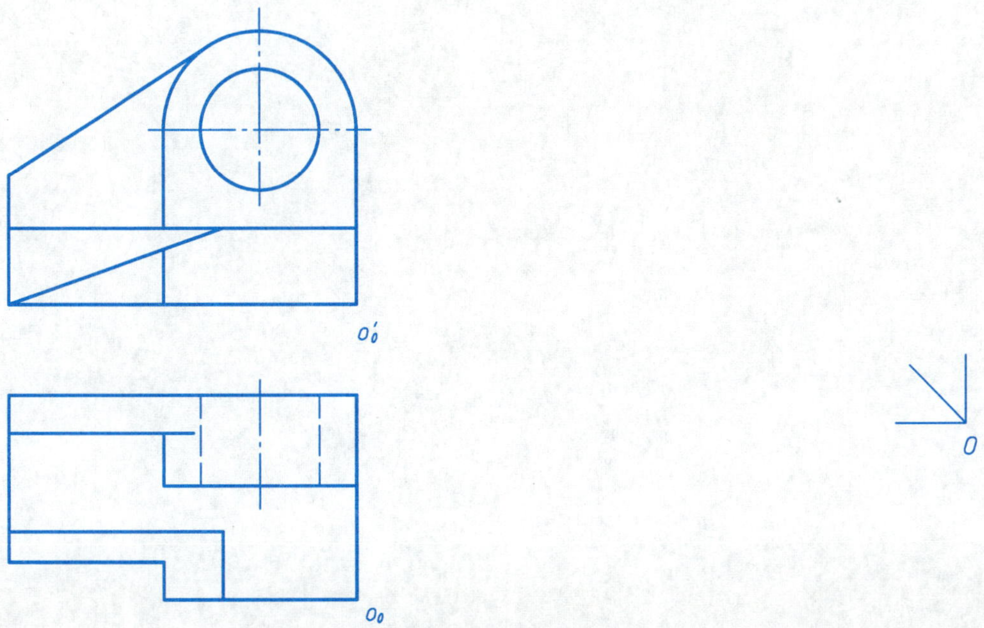

3.

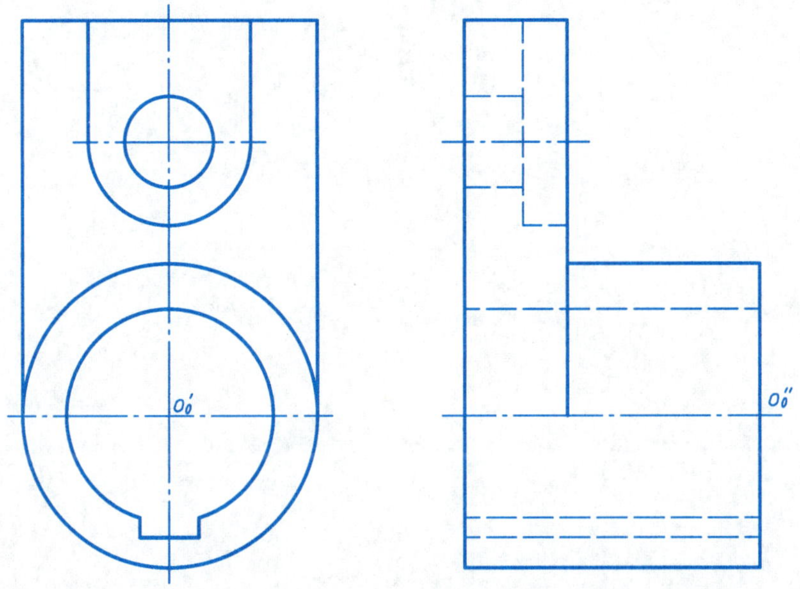

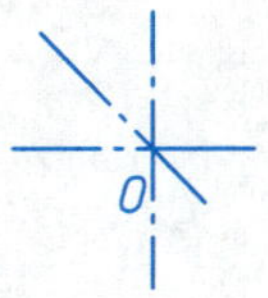

基本视图、向视图、局部视图和斜视图

班级　　　姓名　　　学号　　　

1. 在指定位置作仰视图。

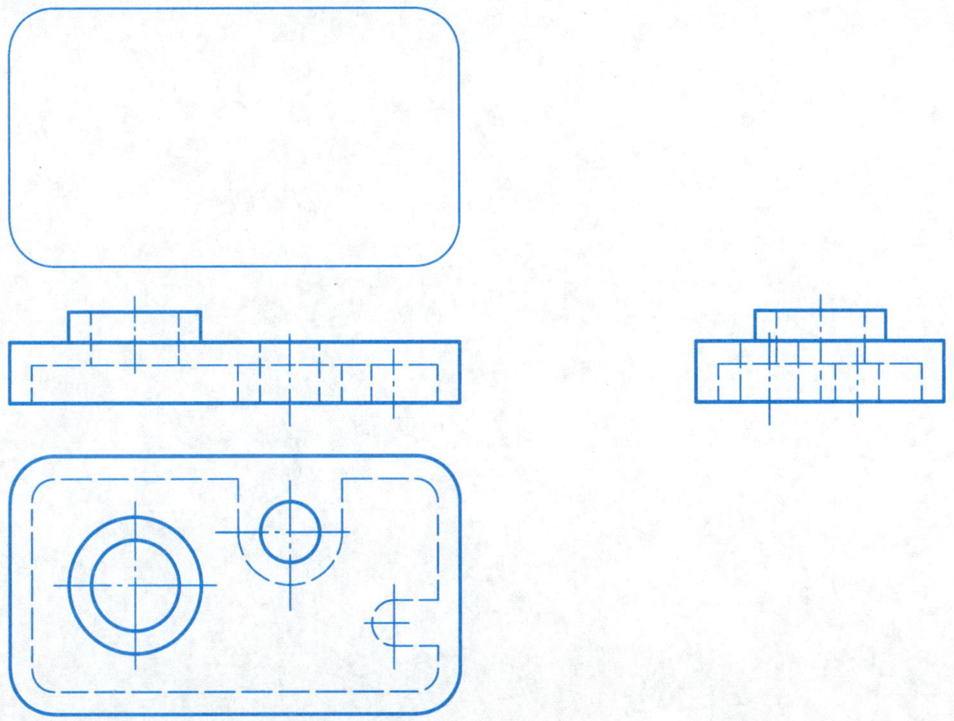

2. 在指定位置作出各个向视图。

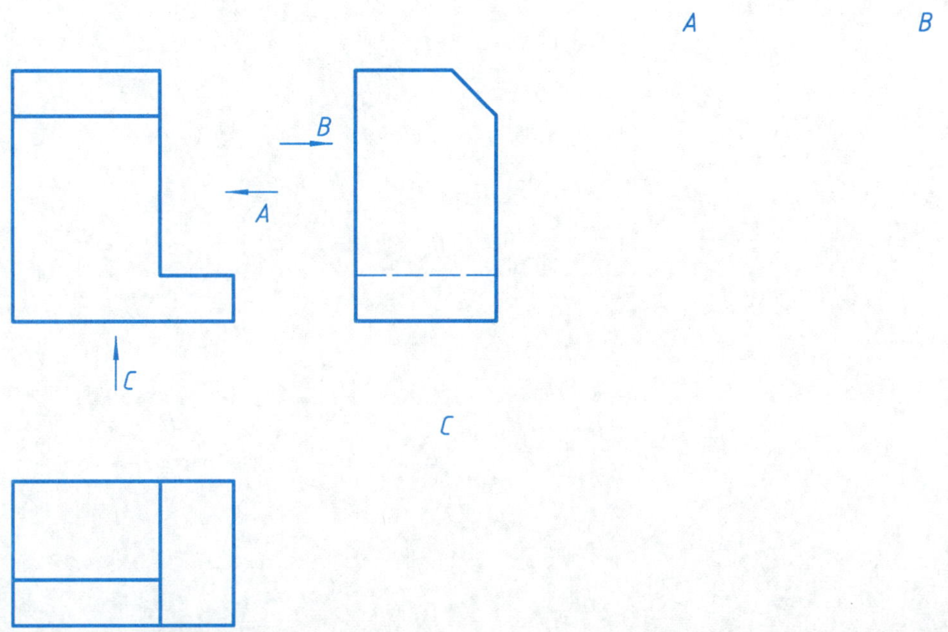

3. 把主视图画成局部视图，并在指定位置画出A向斜视图。

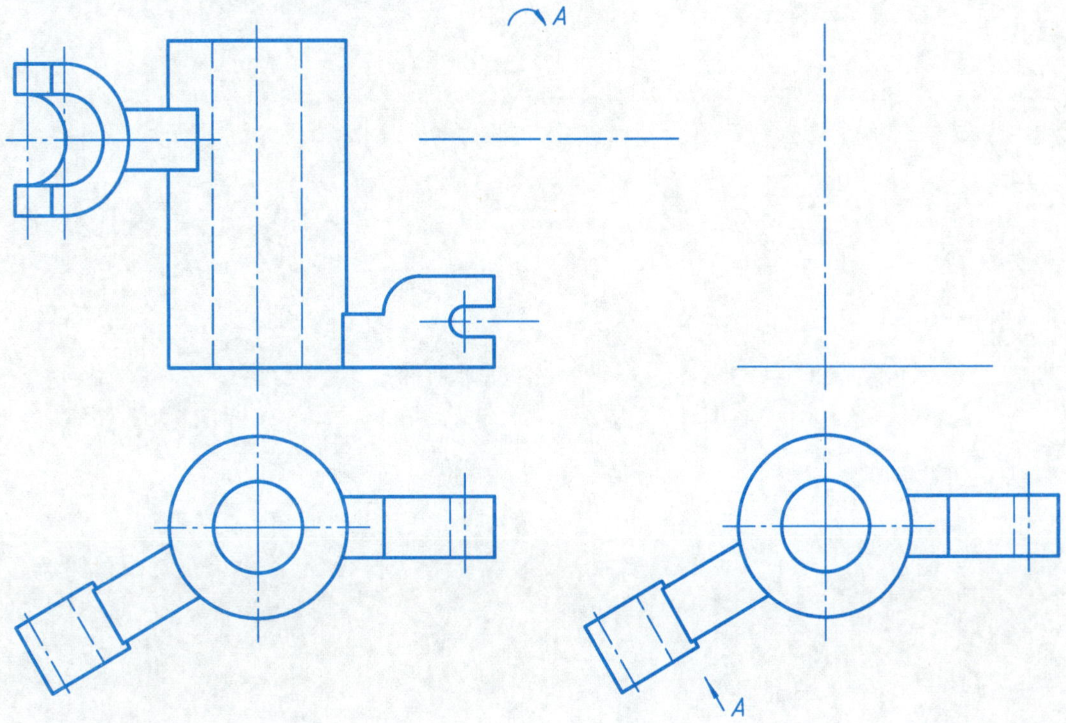

4. 在指定位置作局部视图和斜视图。

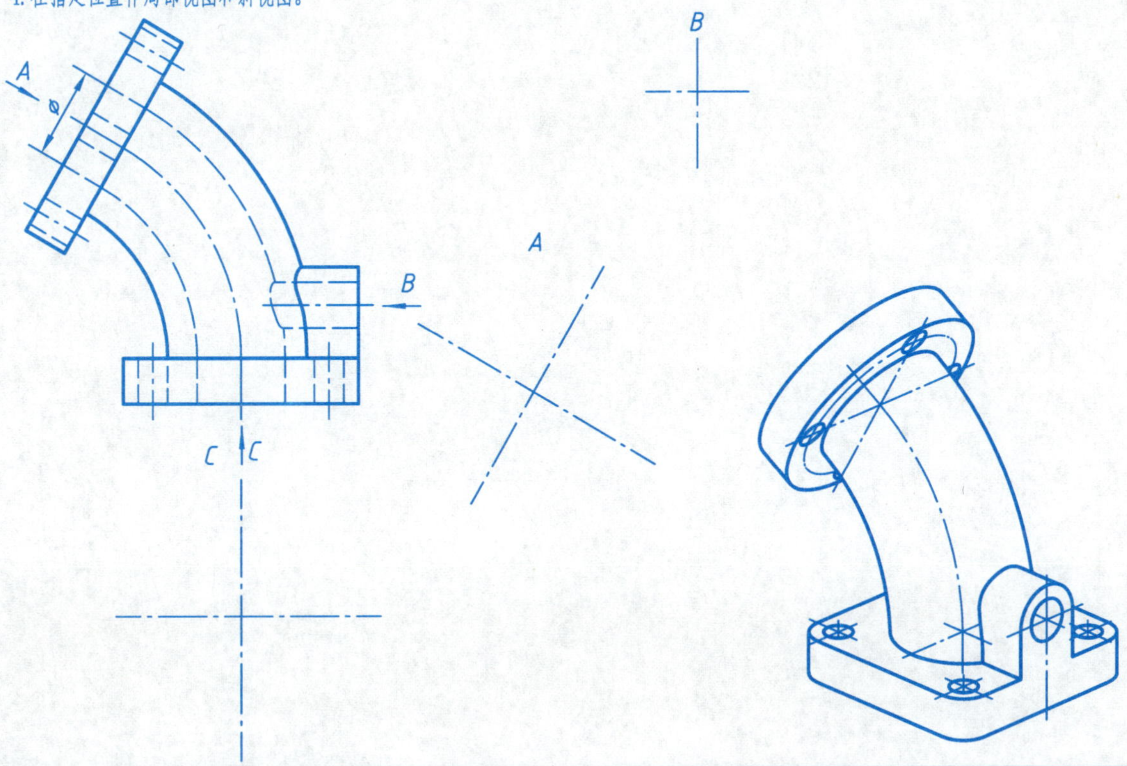

1. 分析图中的错误画法，在指定位置作正确的剖视图。

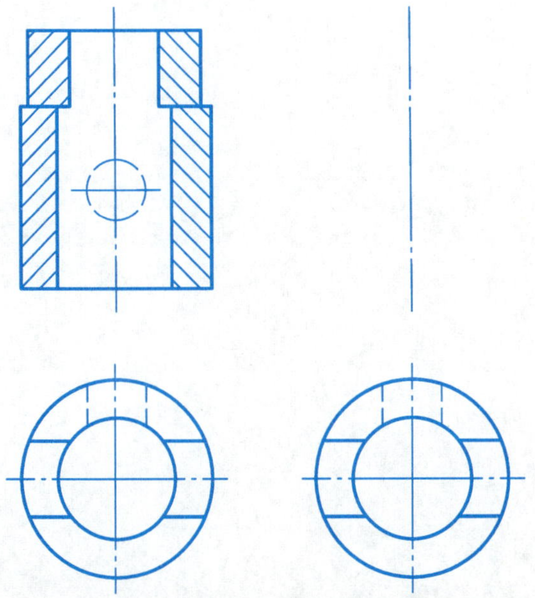

2. 补全图中漏画的图线，在指定位置把左视图画成全剖视图。

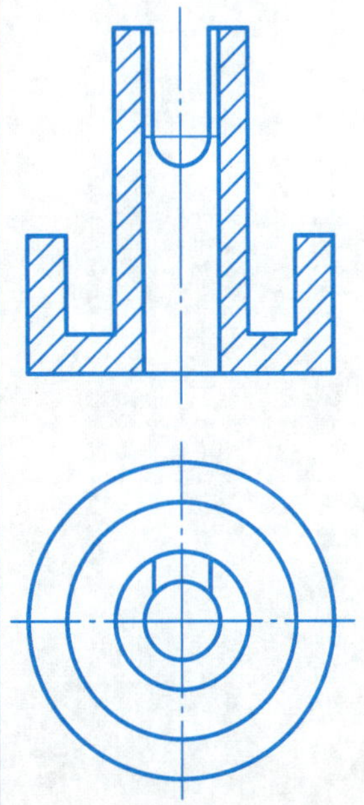

3. 补全图中漏画的图线。

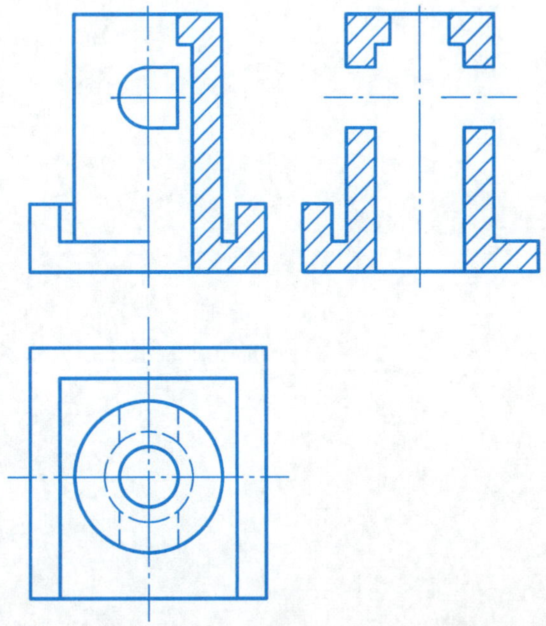

*6. 在指定位置把主视图画成全剖视图。

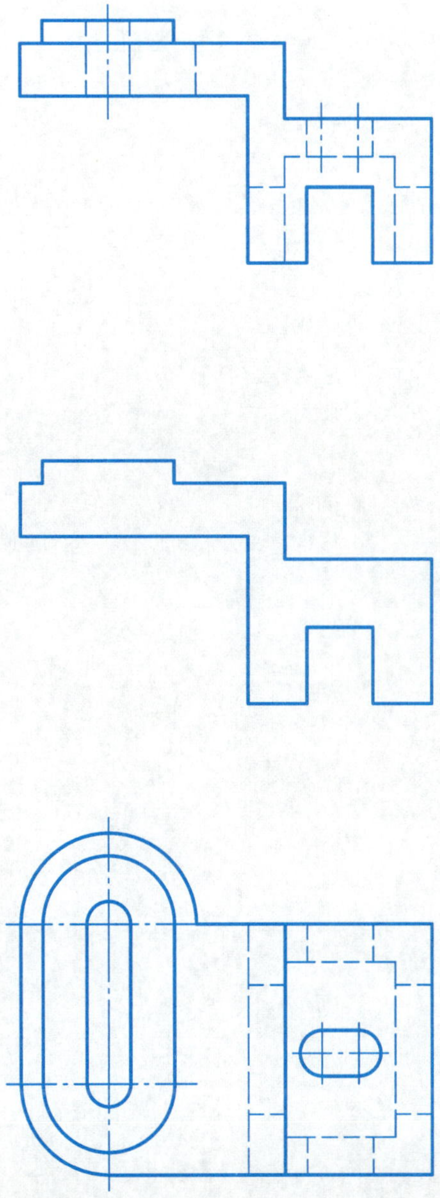

4. 在指定位置把主视图画成全剖视图。

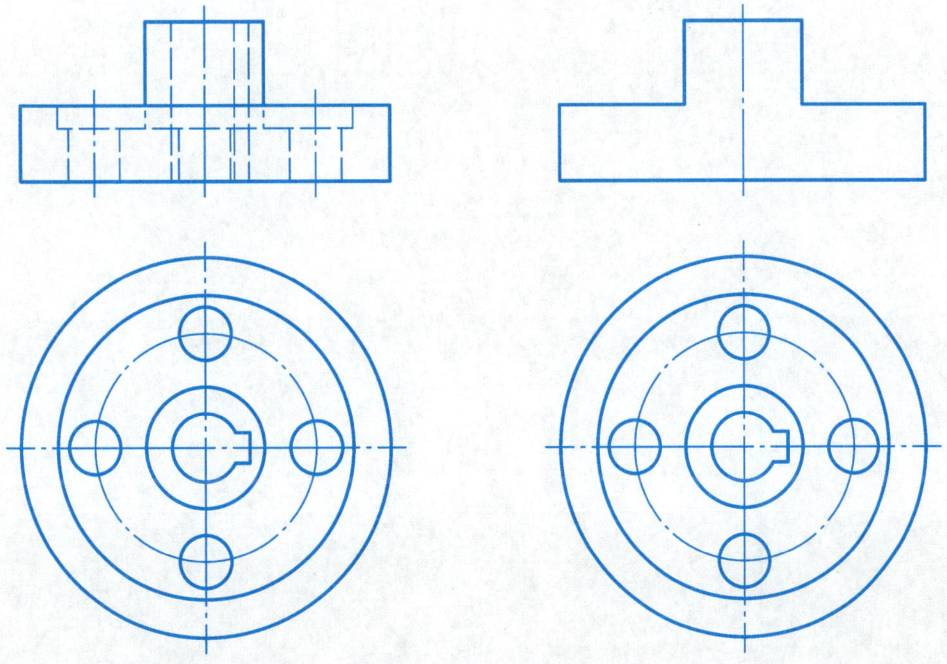

5. 在指定位置把主视图画成全剖视图。

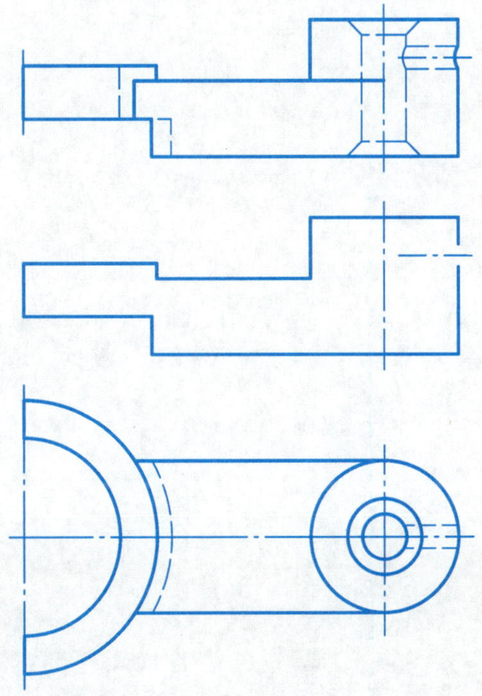

班级　　　姓名　　　学号

1. 作A—A剖视图。

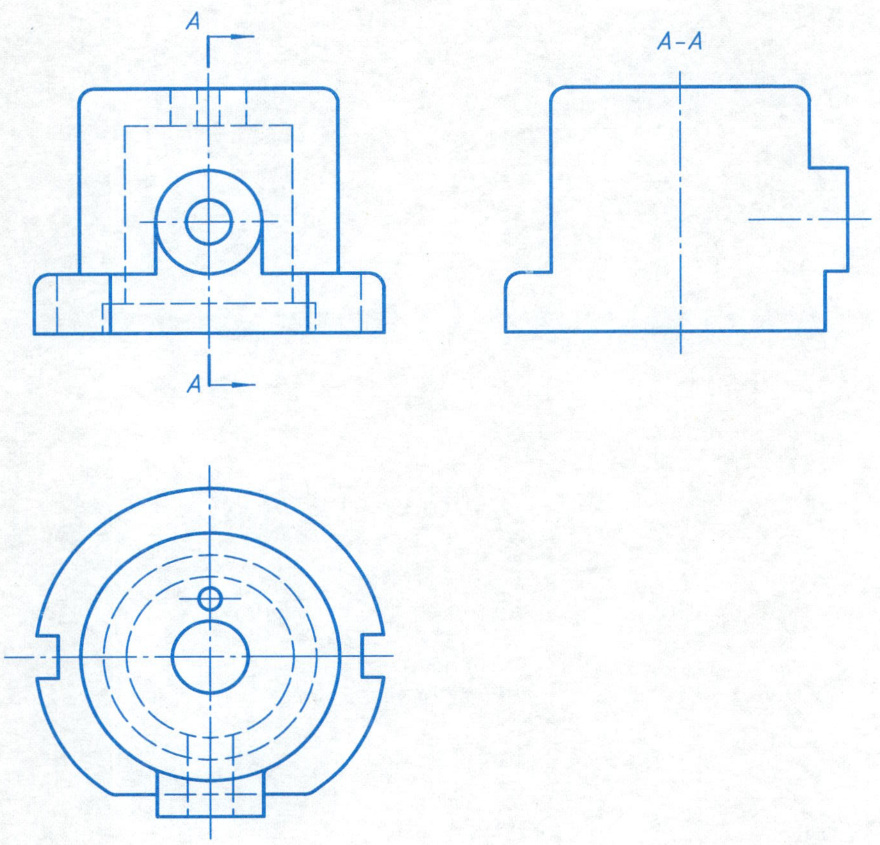

2. 作A—A剖视图。

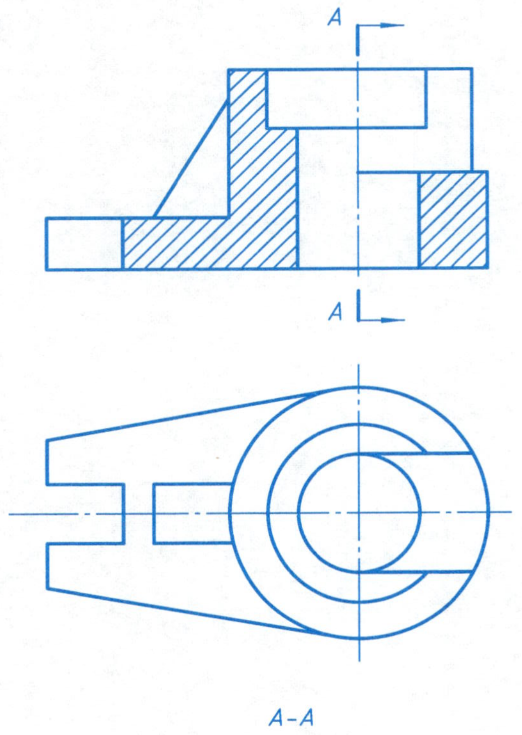

3. 作C—C剖视图。

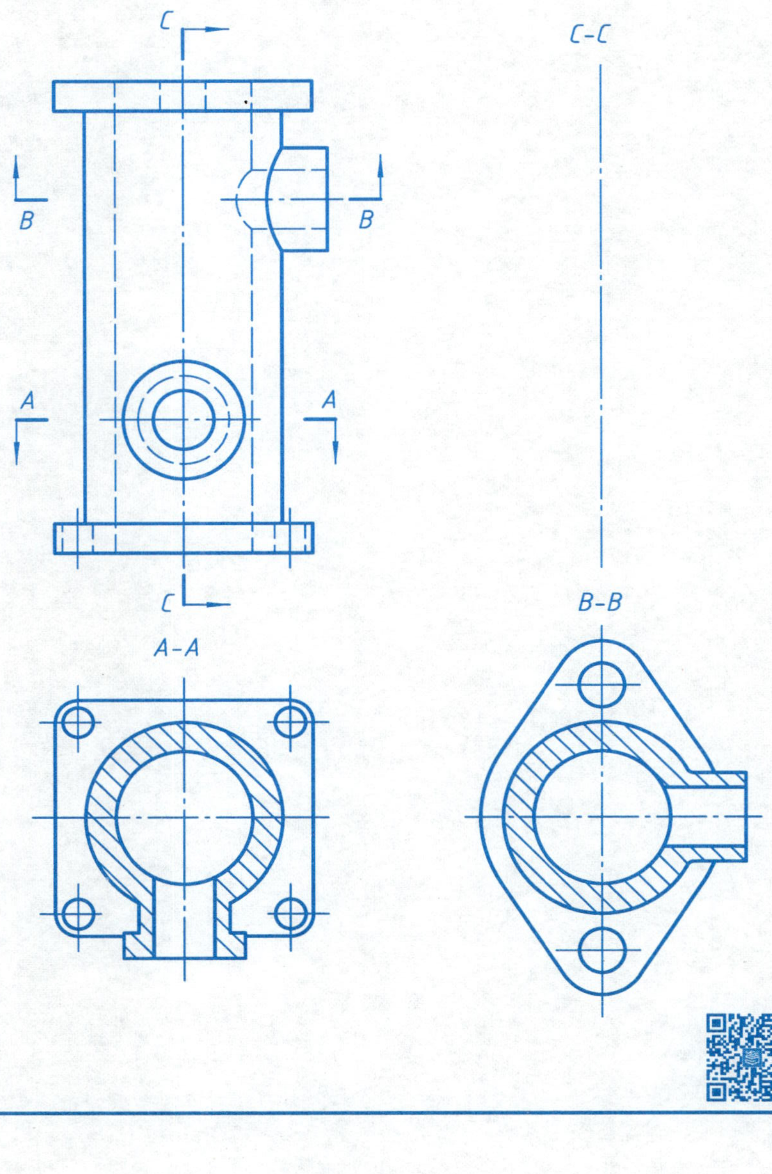

*4. 作A—A、B—B剖视图。

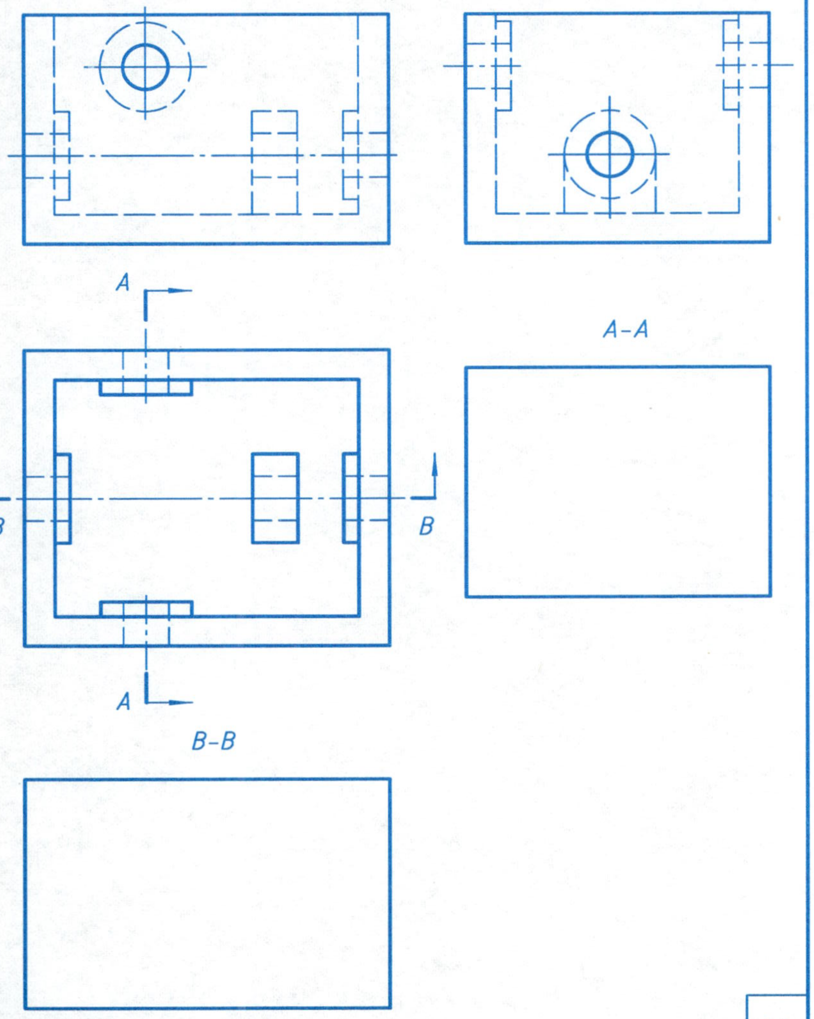

半剖视图　　班级　　姓名　　学号

1. 把主视图画成半剖视图。

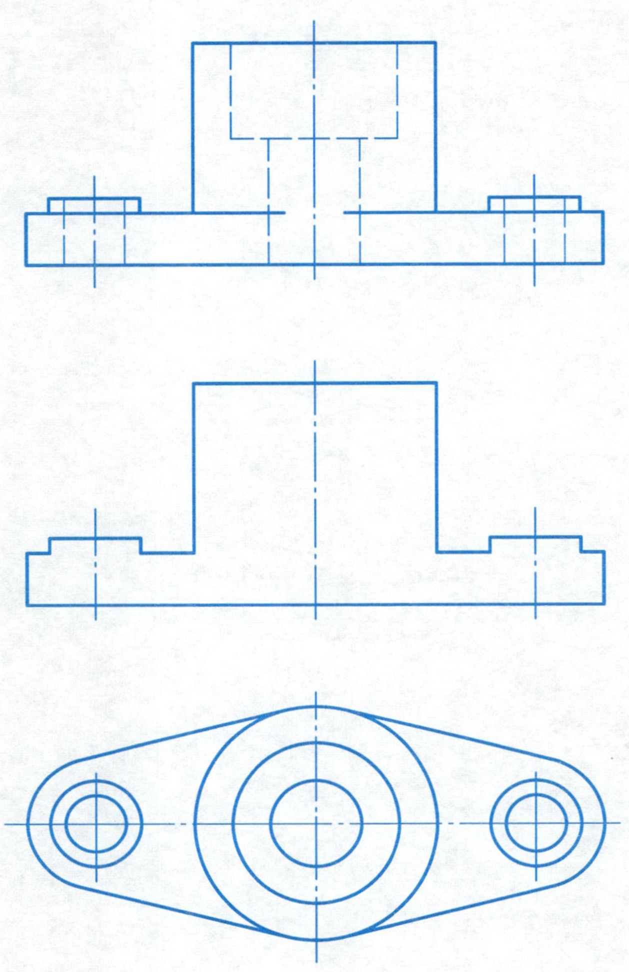

2. 把主、俯视图画成半剖视图。

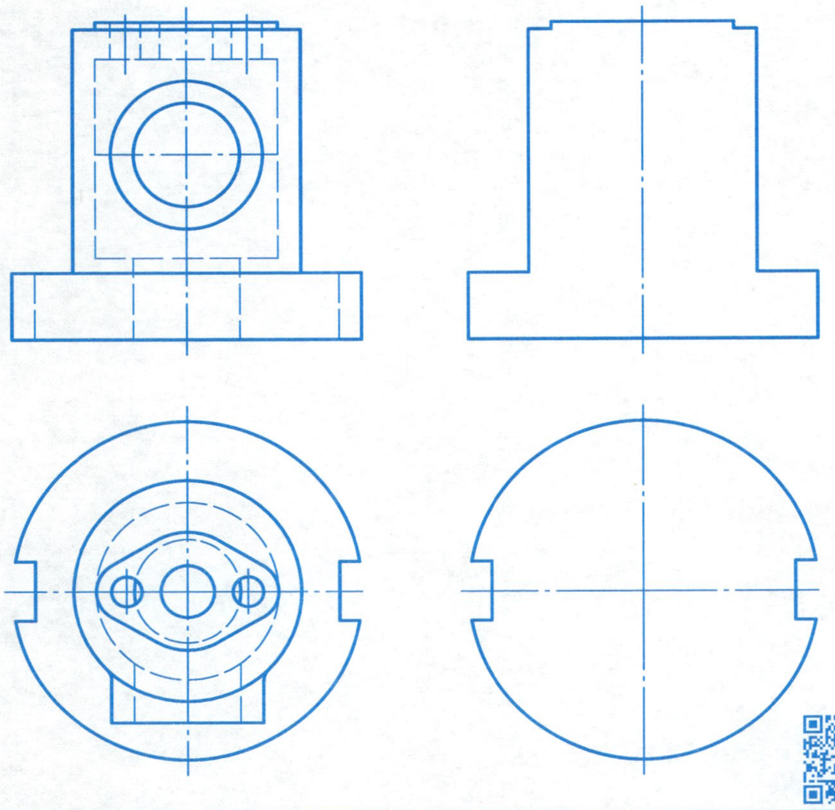

3. 把主视图画成半剖视图。

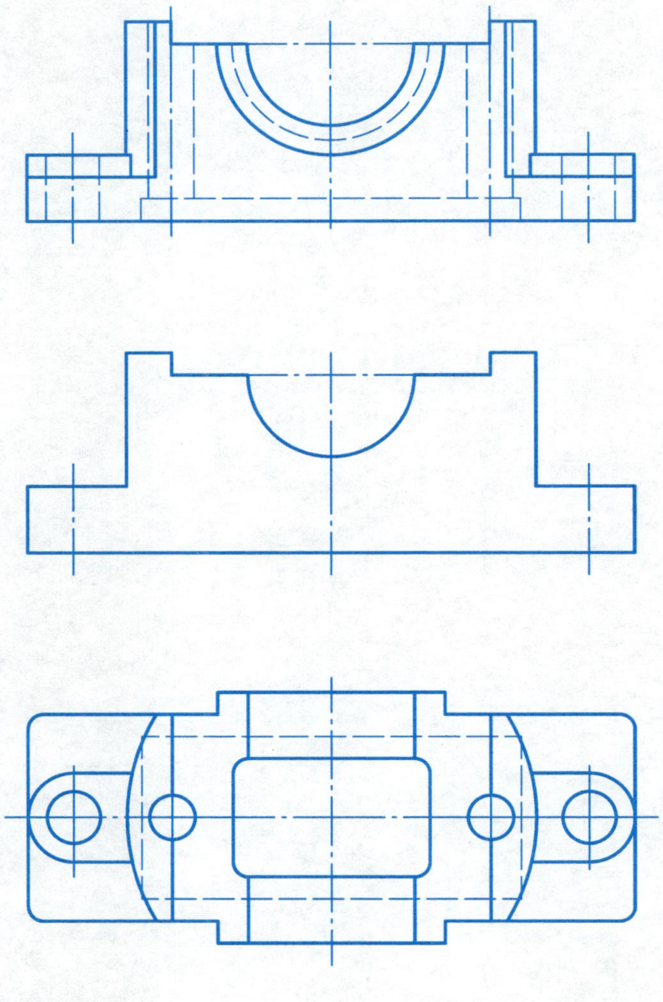

*4. 把主视图画成半剖视图，左视图画成全剖视图。

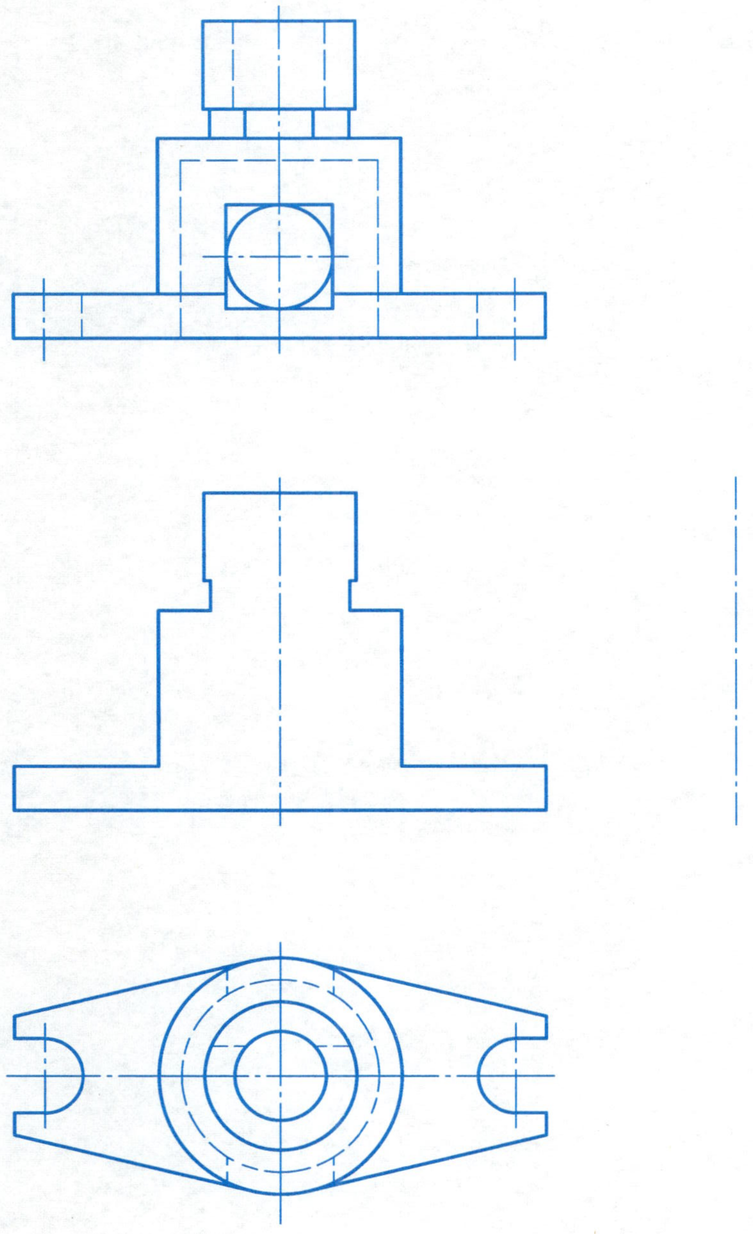

1. 把主视图画成局部剖视图。

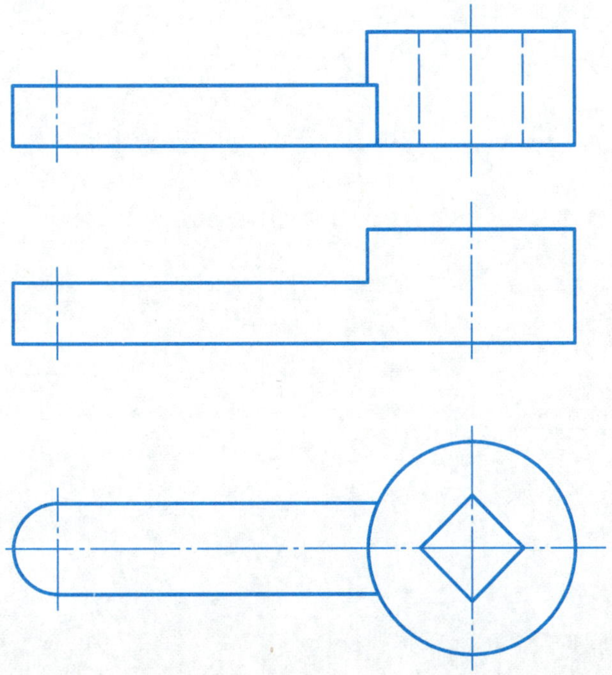

2. 分析视图中的错误画法，作出正确的剖视图。

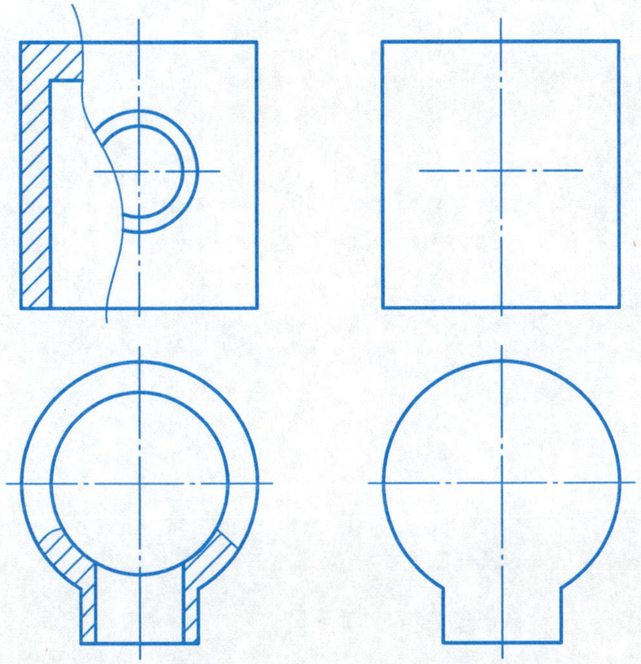

3. 把主视图、俯视图画成局部剖视图。

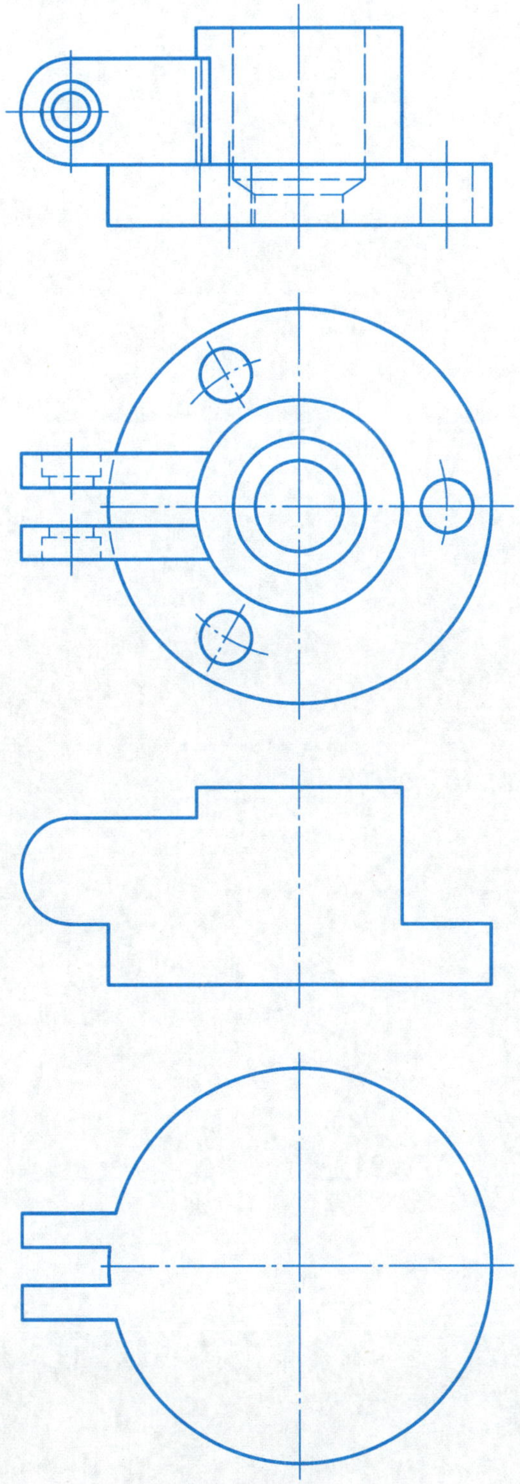

*4. 把主视图、俯视图画成局部剖视图。

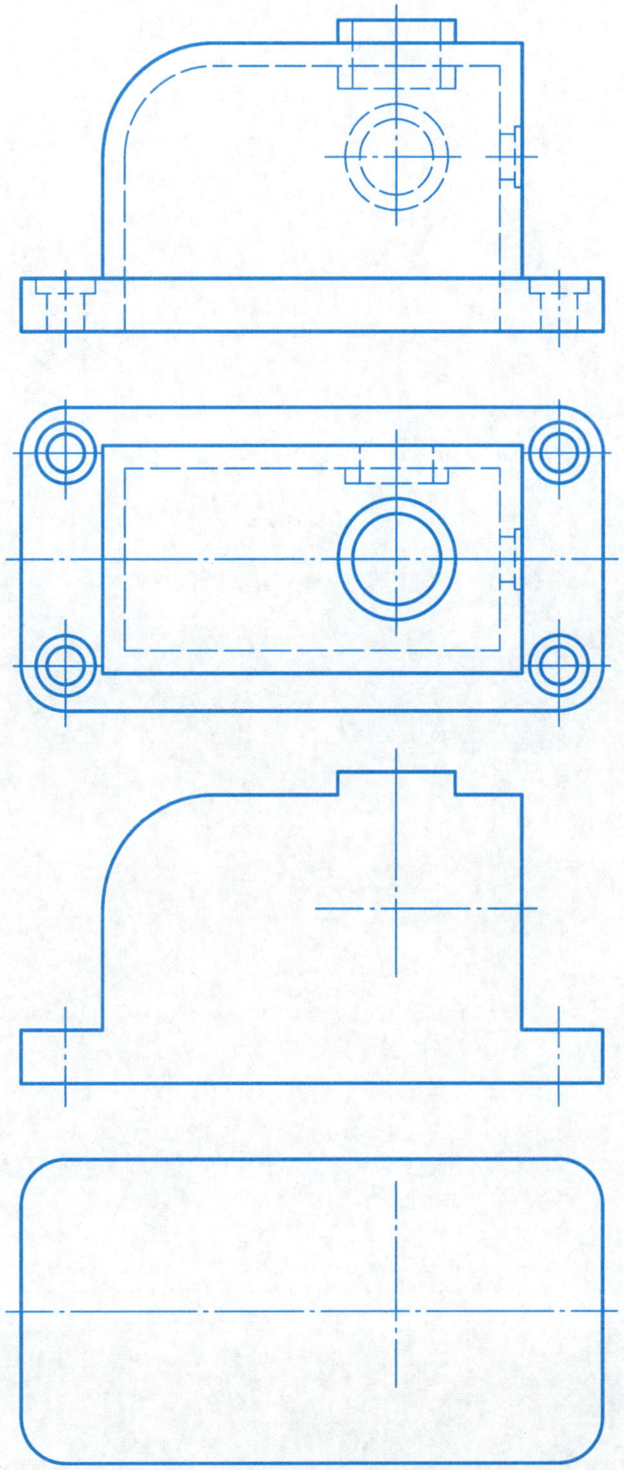

用两个平行或相交的剖切平面剖开物体后，把主视图画成全剖视图

班级　　姓名　　学号

1.

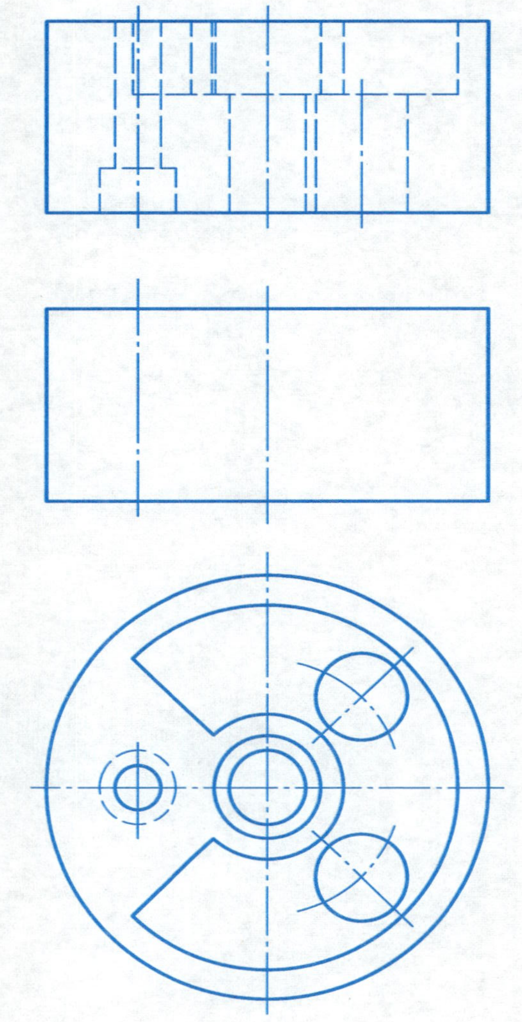

2.

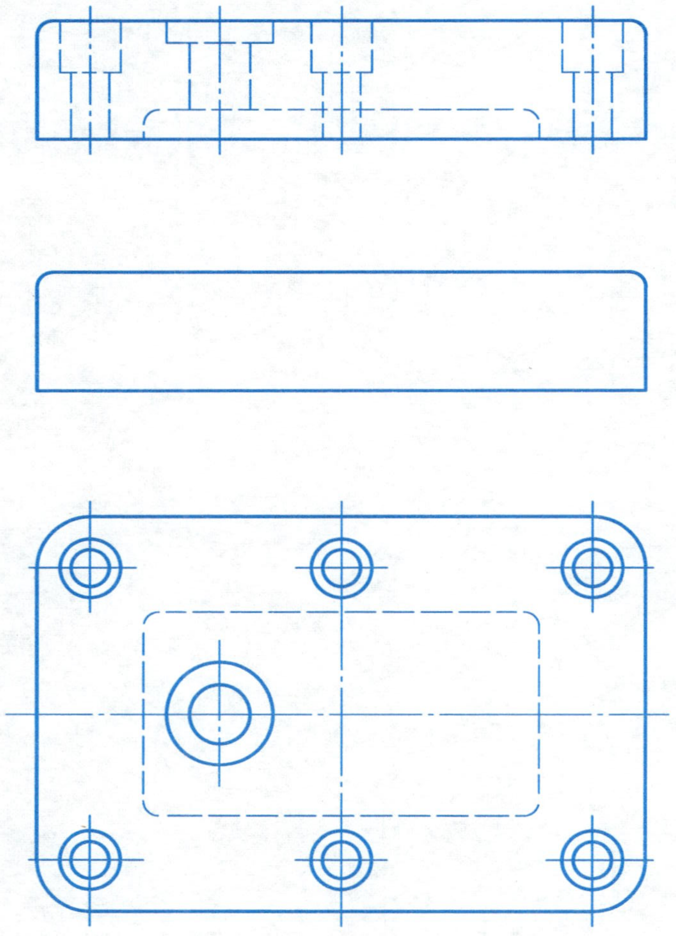

3.

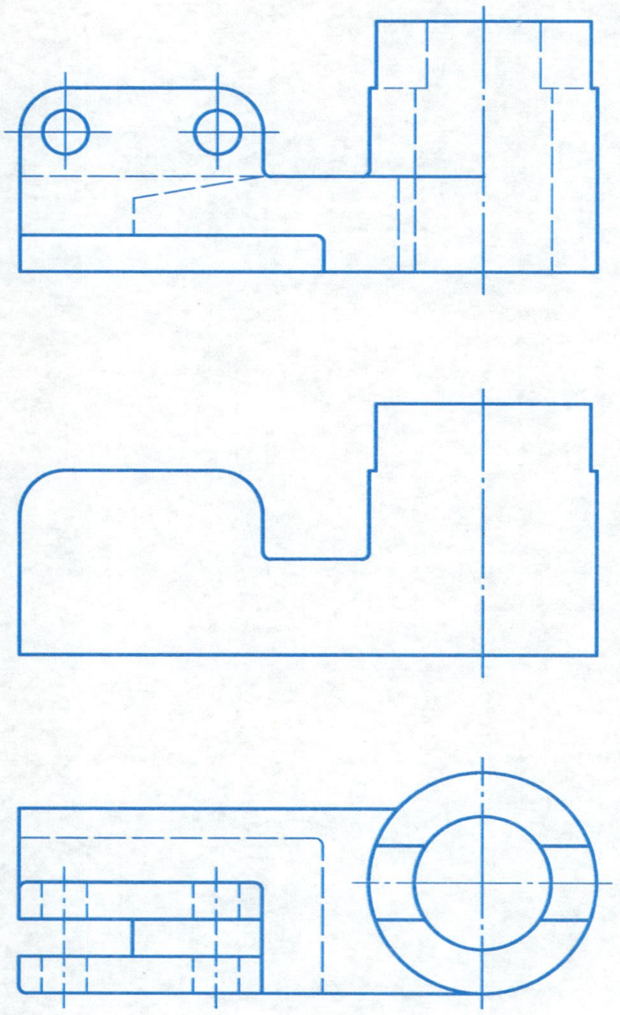

*4.

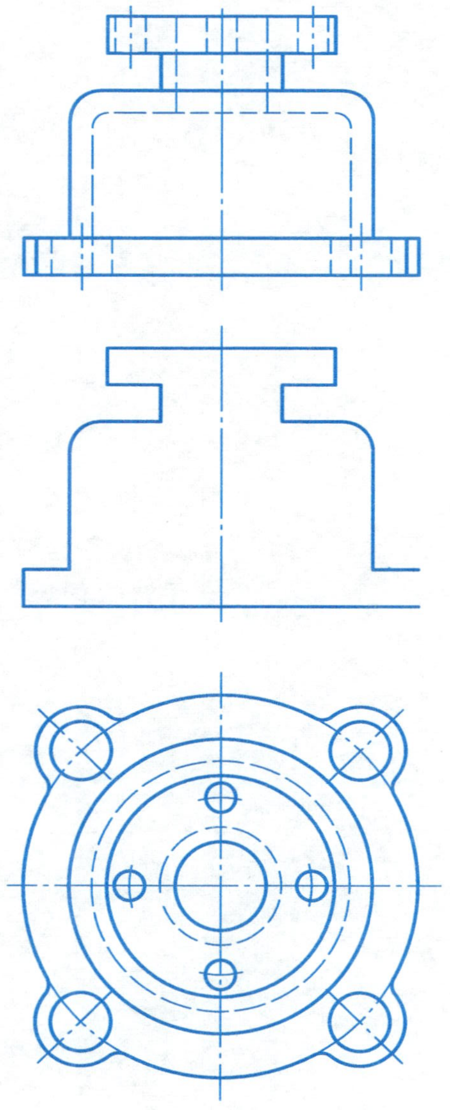

1. 在指定位置把主视图、左视图画成全剖视图、半剖视图。

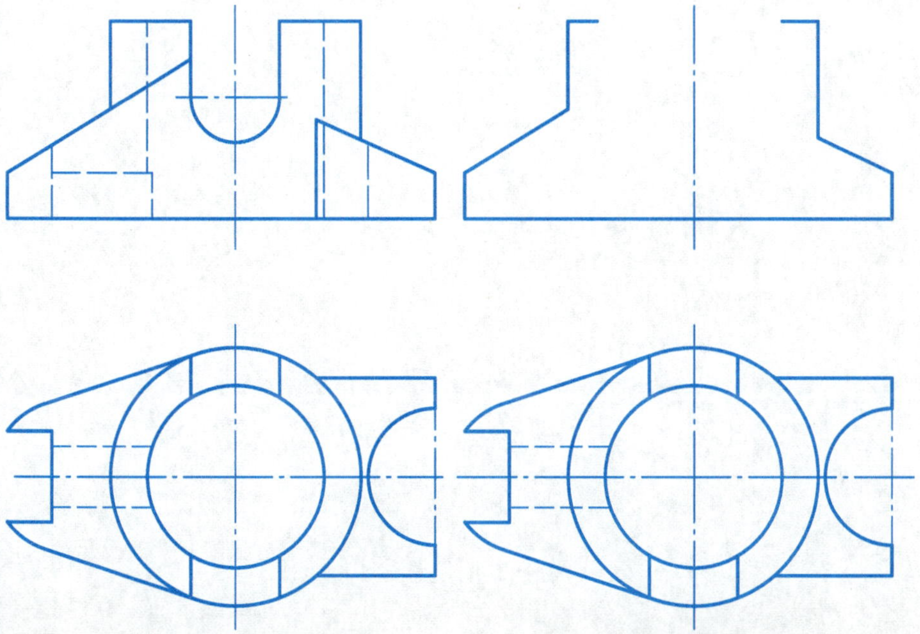

2. 在指定位置把主视图、左视图画成半剖视图、全剖视图。

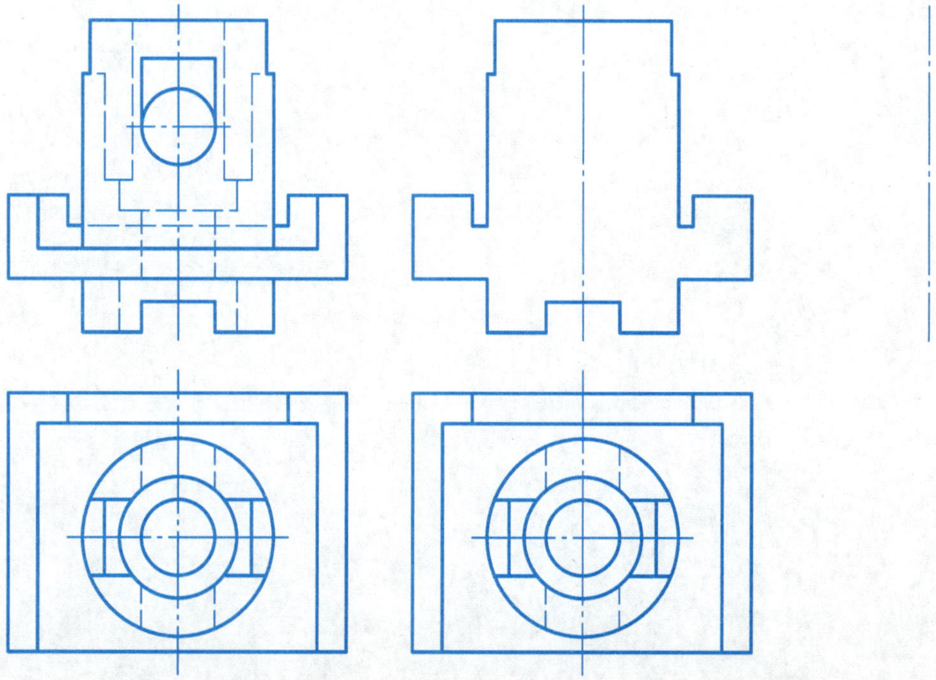

3. 用斜剖作A—A剖视图。

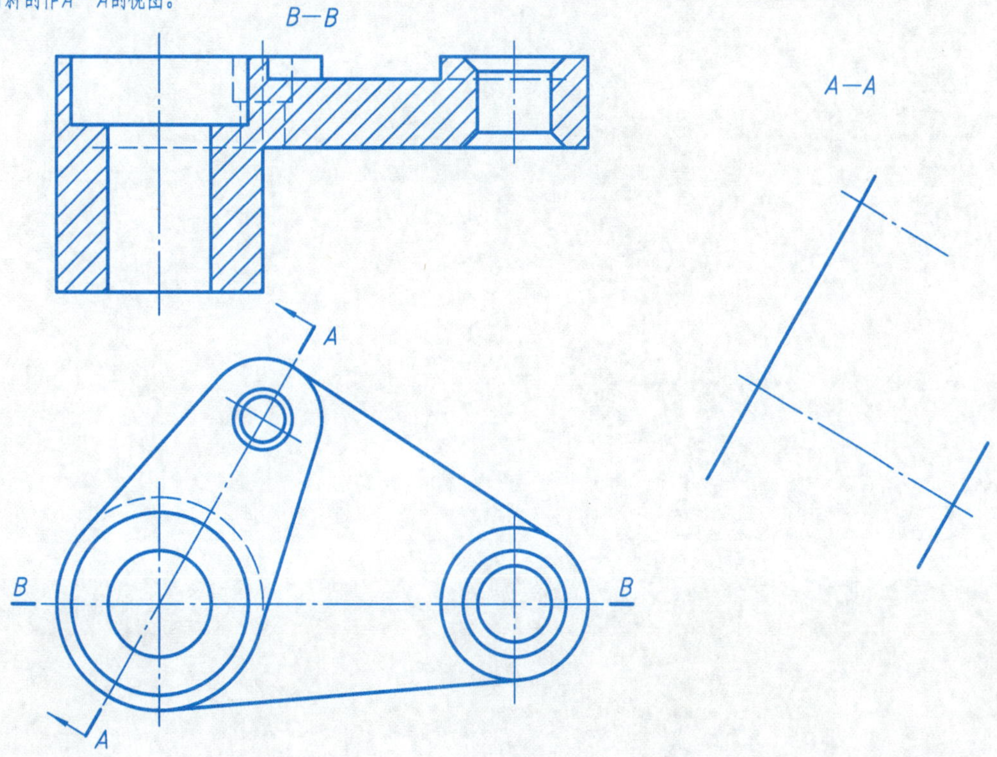

4. 用旋转剖的展开画法作A—A剖视图。

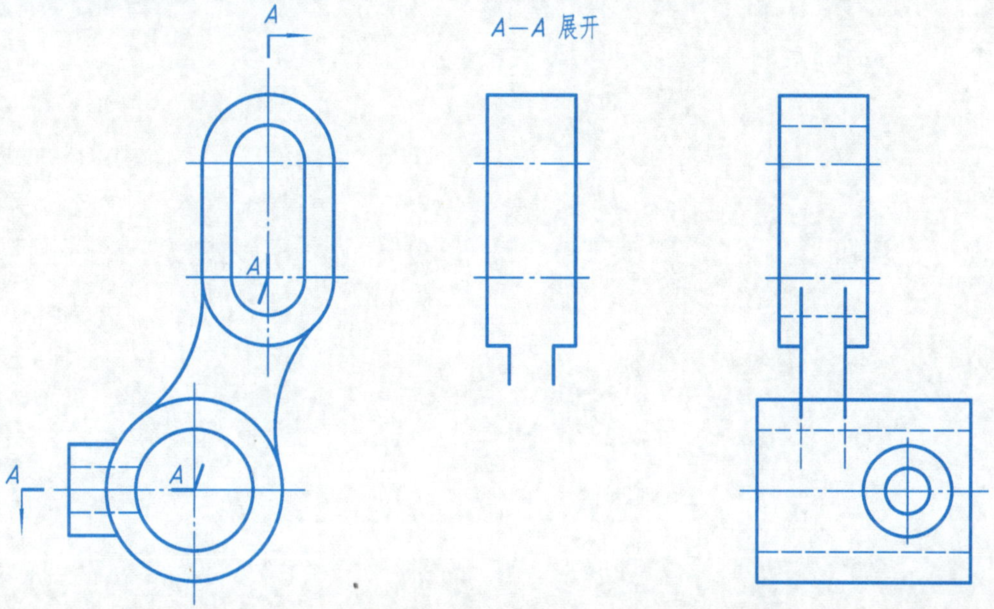

断面图　　　　班级　　　姓名　　　学号

1. 在两个相交剖切平面迹线的延长线上作移出断面图。

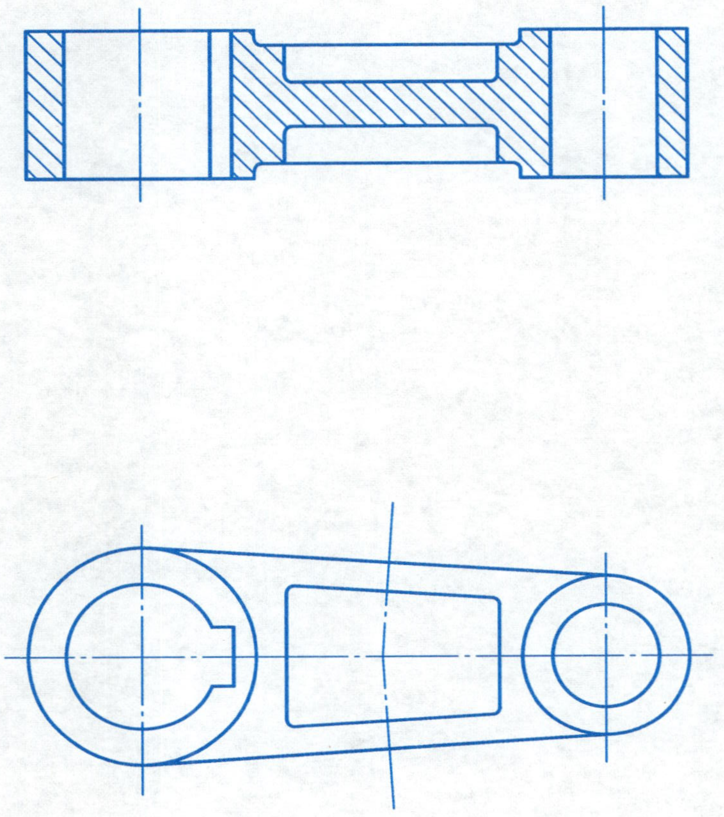

2. 作$B-B$、$A-A$断面图。

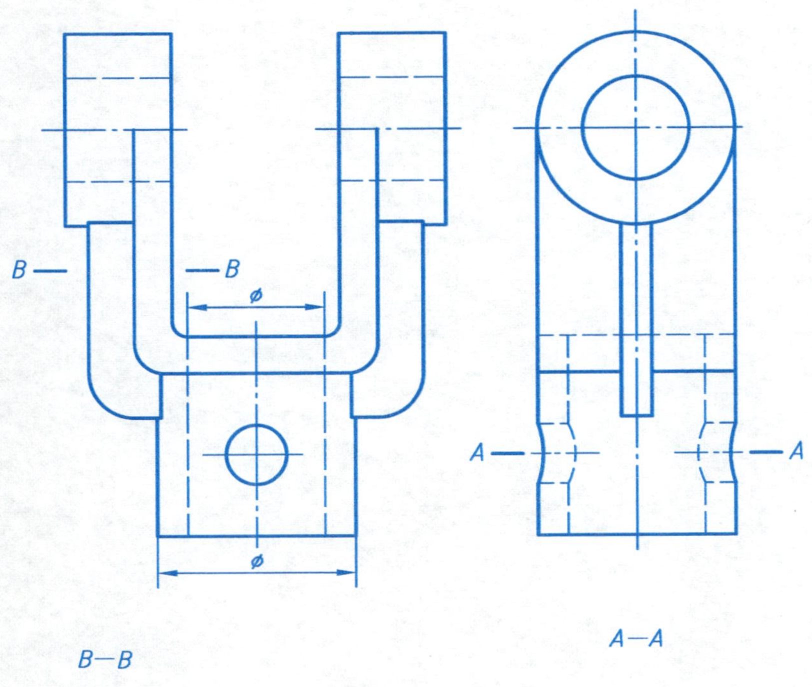

3. 画出指定的断面图（左面键槽深4 mm，右面键槽深3.5 mm）。

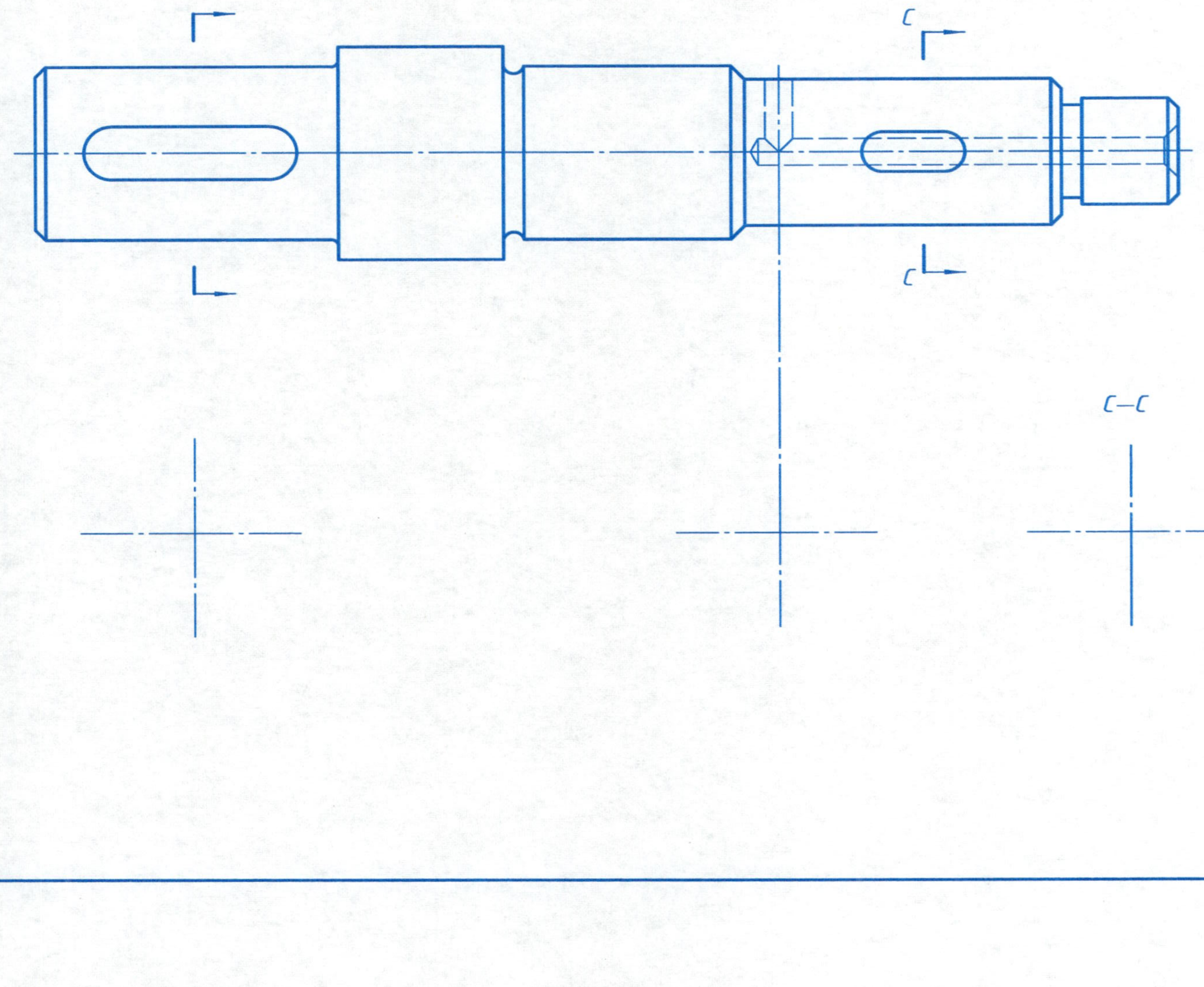

根据所给视图，在A3图纸上画出零件所需的剖视图、断面图和其他视图，并标注尺寸

第三次制图作业—投影制图（二）

一、目的、内容与要求

1.目的、内容：根据所给的零件的视图，按需要改画成剖视图、断面图和其他视图，并标注尺寸。本作业共四个分题，不同专业按教师指定完成其中1个或2个分题。

2.要求：对指定的机件选择恰当的表达方案，将零件的内、外形状表达清楚。

二、图名、图幅、比例

1.图名：投影制图（二）。

2.图幅：A3图纸。

3.比例：第1题—1:1

第2题—1:1

第3题—1:2

第4题—1:2

三、绘图步骤与注意事项

1.对所给视图进行形体分析，在此基础上选择表达方案。

2.根据规定的图幅和比例，合理布置各视图的位置。

3.逐步画出各视图。画图时要按需将视图改画成适当的剖视图（如有需要，则还应画出断面图和其他视图），并调整各部分尺寸，完成底稿。

4.仔细校核后，清理图面，用铅笔加深。

5.图面质量与标题栏的填写要求同前面的作业。若教师指定画一个分题，则画一张A3图纸的作业，用一个图号；若指定画两个分题，则画两张A3图纸的作业，用两个图号，图号必须与上次作业的图号顺接。

第五次上机练习

1. 目的：初步掌握用AutoCAD进行零件表达的方法。

2. 内容：第42页的第3、4两题中任选一题，选择恰当的表达方法将零件的内、外结构形状表达清楚，需标注尺寸，并绘制图框和标题栏。

图名：零件表达；图号：CAD-3；图幅：A3图纸；比例：1∶2。

3. 注意事项：同第二次上机练习。

1.

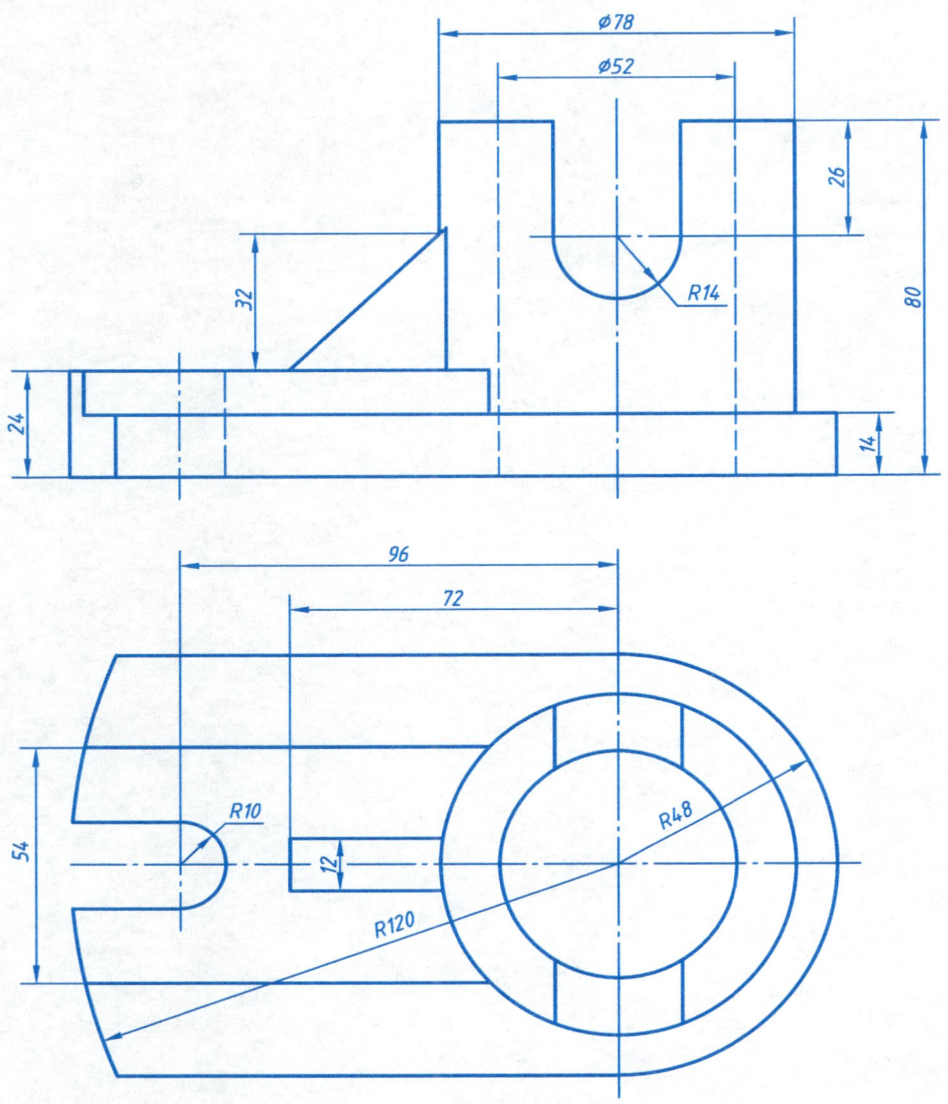

2.

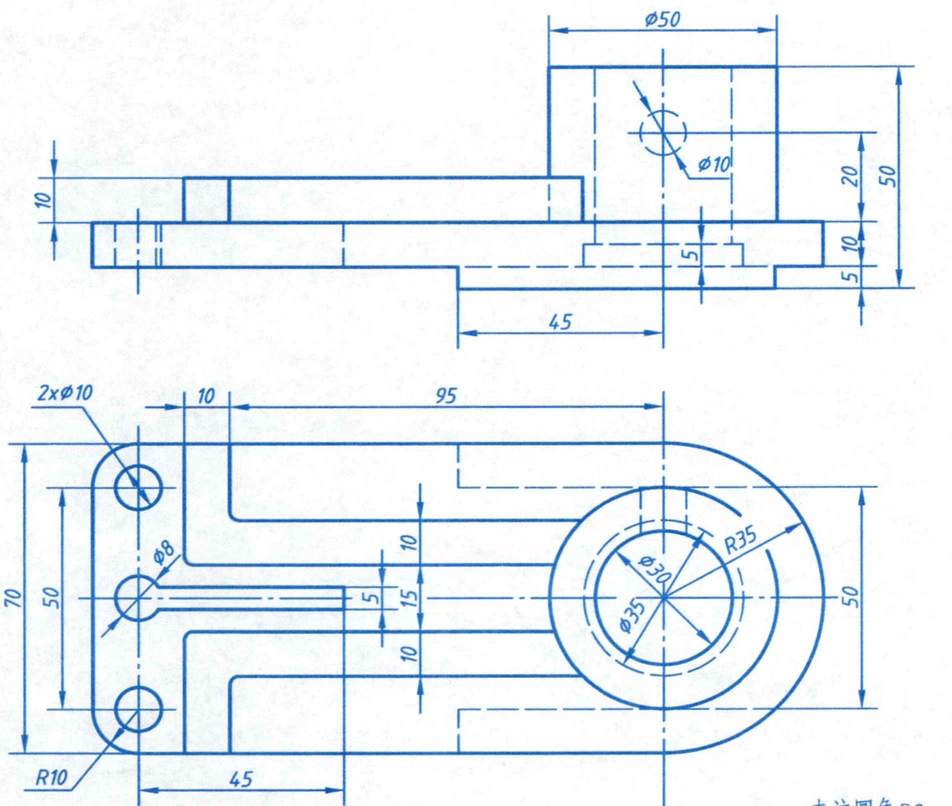

未注圆角R2。

续上页

3.

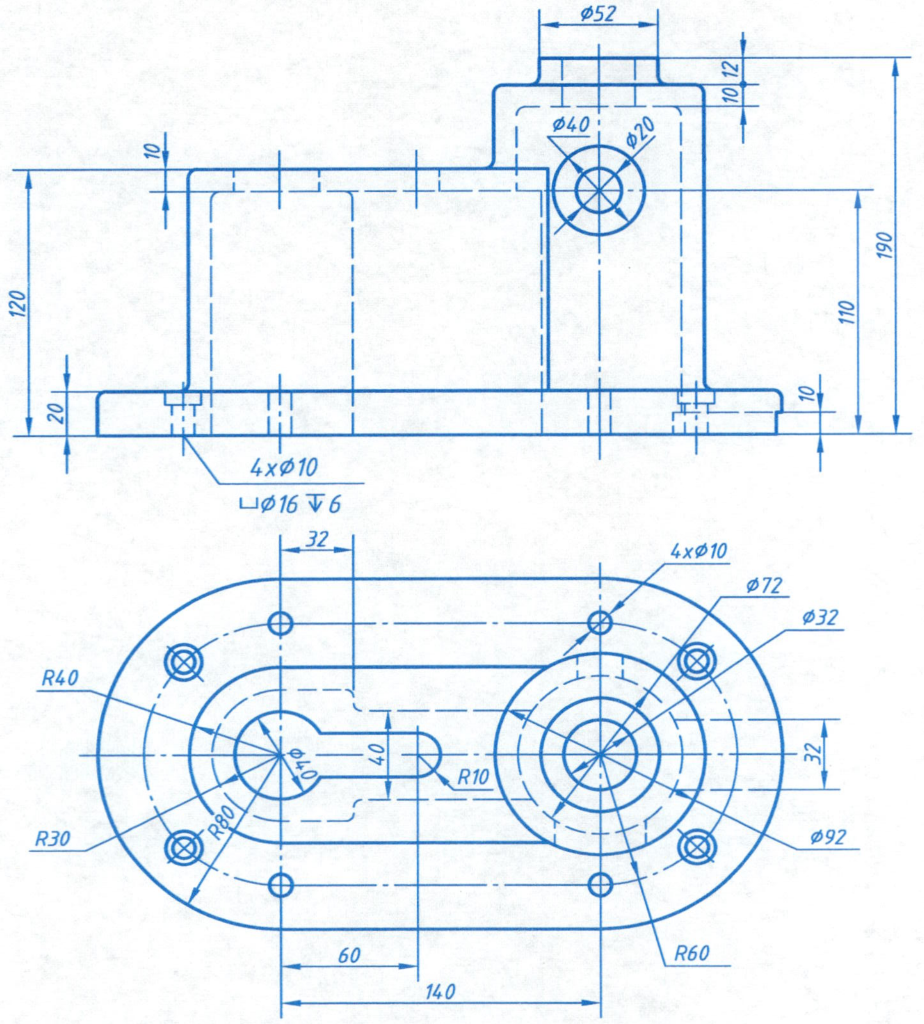

未注圆角R4。

4.

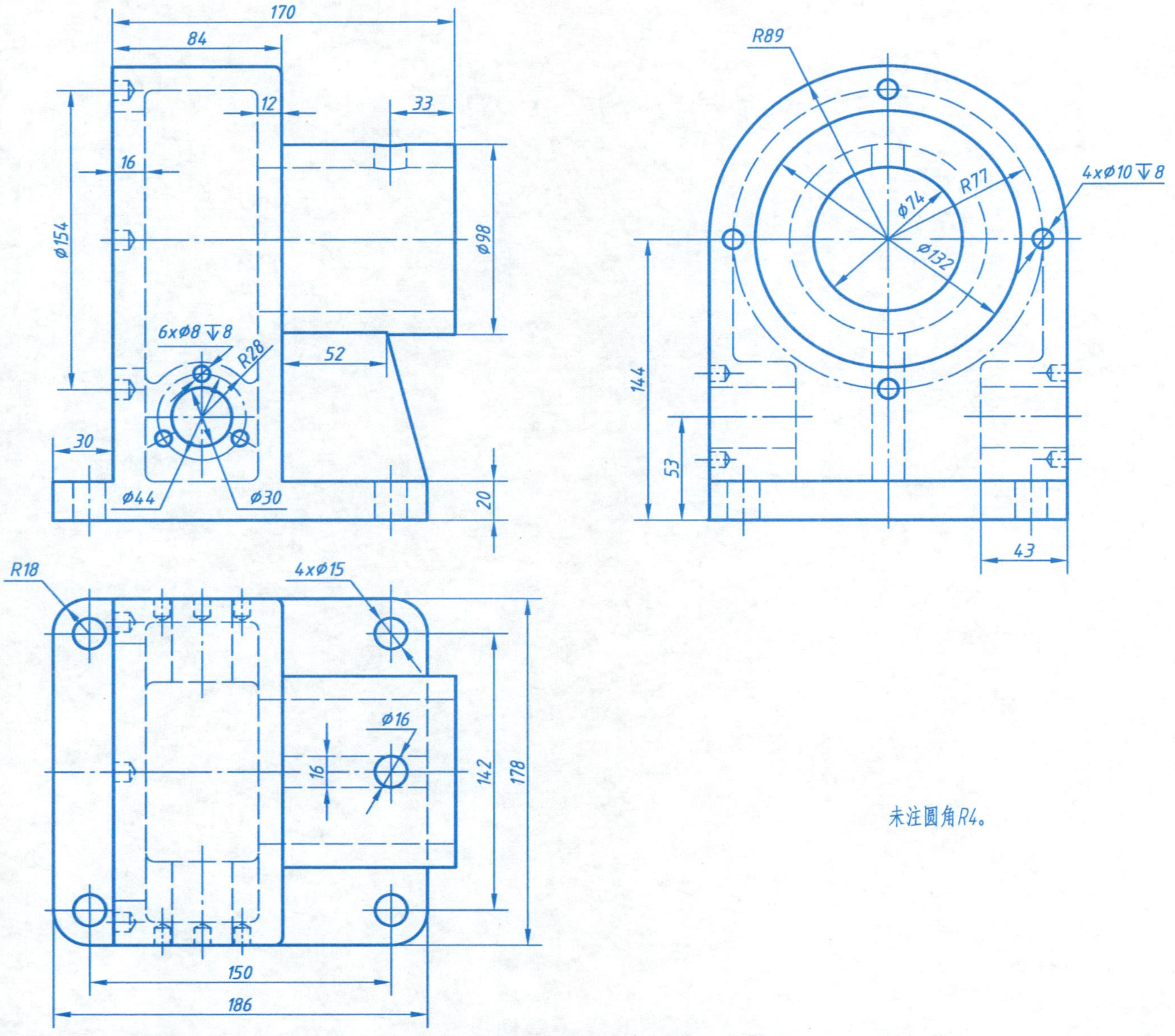

未注圆角R4。

螺纹的规定画法和标注

班级　　　　姓名　　　　学号

1. 参考教材图8-7a及图8-8a，按规定画法绘制螺纹的主、左两视图（比例为1∶1）。

（1）外螺纹，大径M20、螺纹长30 mm，螺杆长画40 mm后断开，螺纹倒角C2。

（2）内螺纹，大径M20、螺纹长30 mm、孔深40 mm、螺纹倒角C2。

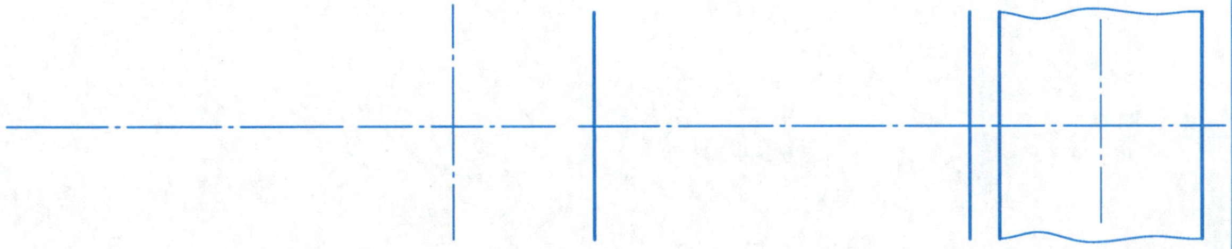

2. 将题1（1）的外螺纹调头旋入题1（2）的螺孔，旋合长度为20 mm。参考教材图8-10，作旋合后的主视图。

3. 分析下列错误画法，并将正确的图形画在下边的空白处。

4. 根据下列给定的螺纹要素，标注螺纹的标记或代号。

（1）粗牙普通螺纹，公称直径24 mm，螺距3 mm，单线，右旋，中径、小径公差带均为6H，短旋合长度。

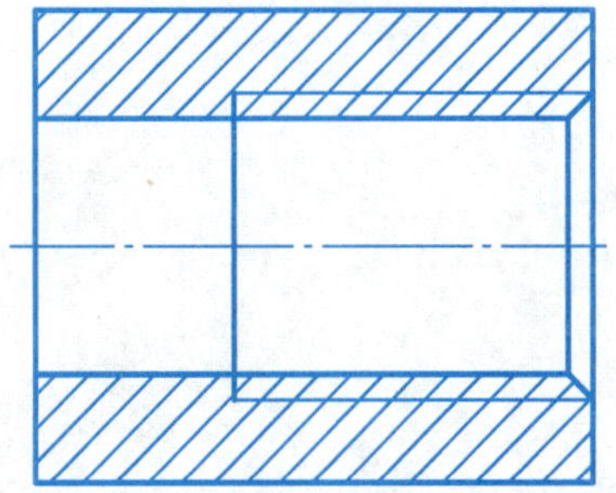

（2）细牙普通螺纹，公称直径30 mm，螺距2 mm，单线，右旋，中径公差带为5g，大径公差带为6g，中等旋合长度。

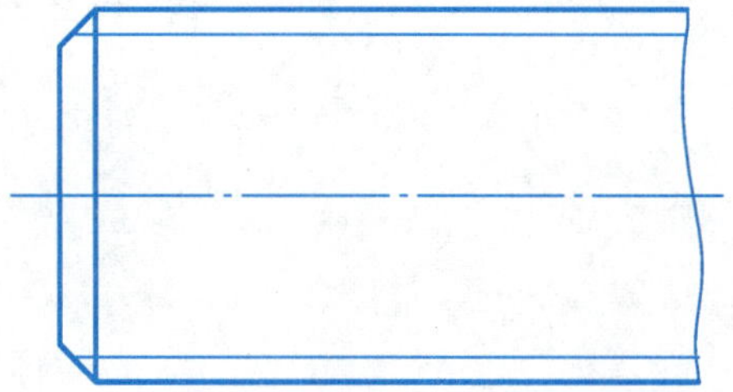

（3）55°非密封管螺纹，尺寸代号3/4，公差等级为A级，右旋。

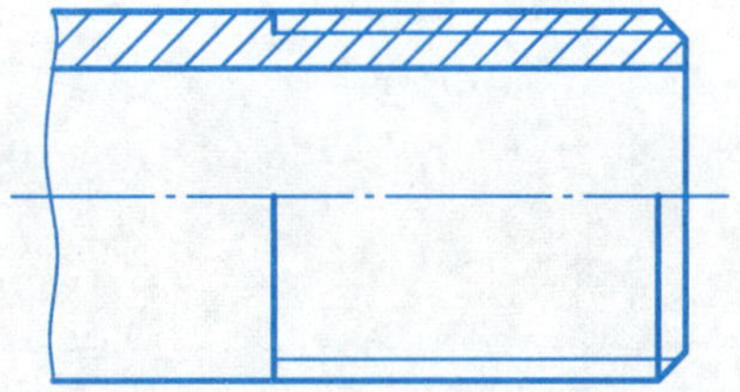

（4）梯形螺纹，公称直径30 mm，螺距6 mm，双线，左旋，中径公差带为7e，中等旋合长度。

5. 根据标注的螺纹代号，查表并说明螺纹的各要素。

(1)

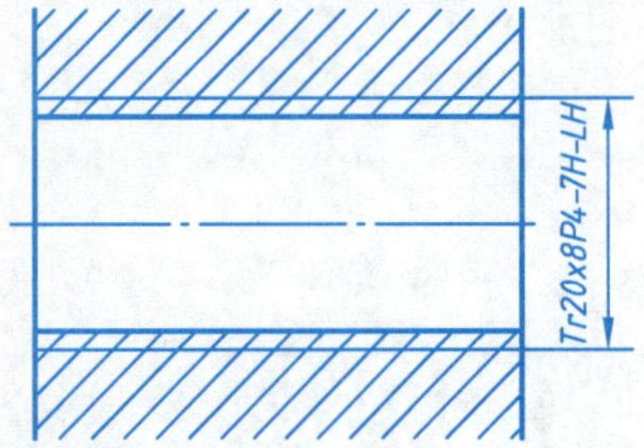

该螺纹为__________螺纹；

公称直径为__________mm；

螺距为__________mm；

线数为__________；

旋向为__________；

螺纹公差带为__________。

(2)

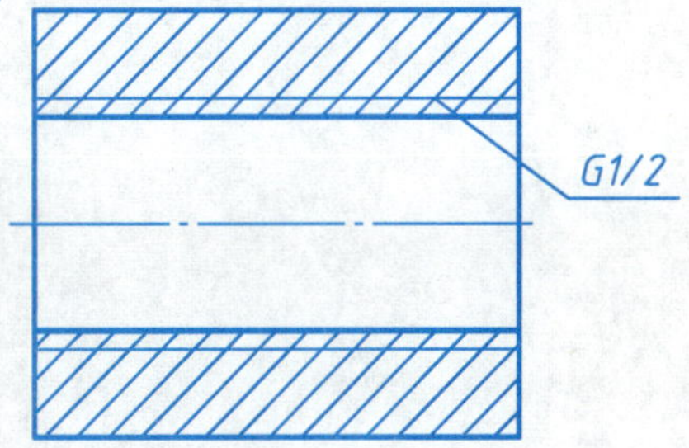

该螺纹为__________螺纹；

尺寸代号为__________；

大径为__________mm；

小径为__________mm；

螺距为__________mm。

1.查表填写下列各紧固件的尺寸。

（1）六角头螺栓：螺栓 GB/T 5782—2016 M16×65。

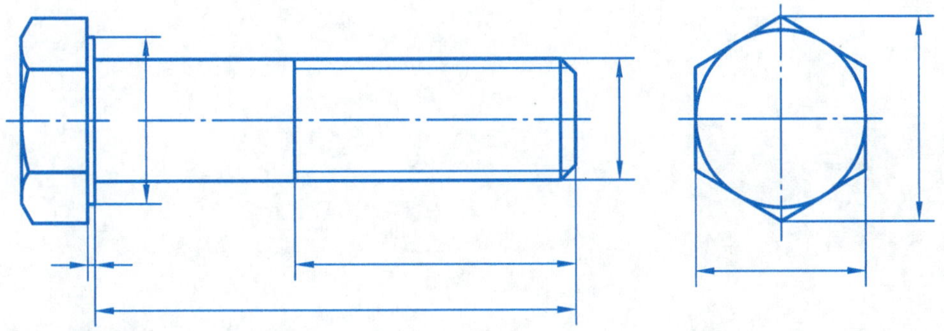

（2）开槽沉头螺钉:螺钉 GB/T 68—2016 M10×50。

2.根据所注规格尺寸，查表写出各紧固件的规定标记。

（1）A级的1型六角螺母

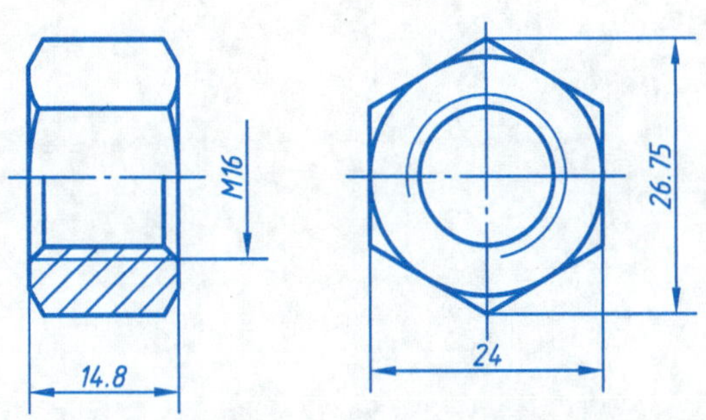

（2）A级的平垫圈

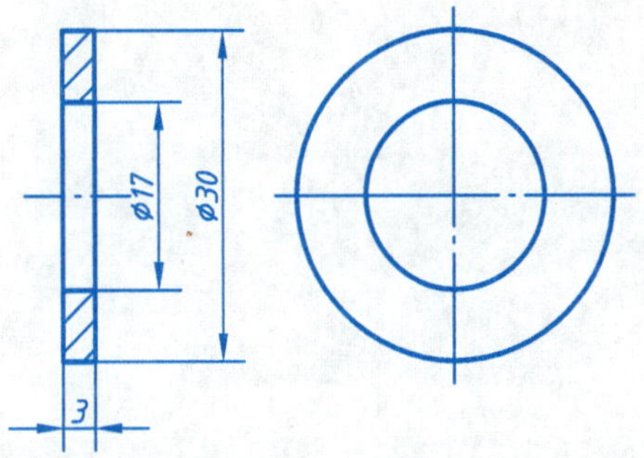

3.按比例画法画出下列螺纹紧固件，并注出螺纹的公称直径和螺栓、螺钉的长度l。

（1）已知螺栓 GB/T 5780—2016 M20×80。画出轴线水平放置、头部在左方的主、左两视图（1:1）。

（2）已知螺母 GB/T 6170—2015 M20。画出轴线水平放置的主、左两视图（1:1）。

（3）已知开槽圆柱头螺钉:螺钉 GB/T 65—2016 M10×30。画出轴线水平放置、头部在左方的主、左两视图（2:1）。

螺纹紧固件的连接画法（任选两题画在A3图纸上。螺栓与螺柱连接中的一题要加画左视图，作为第四次制图作业，图号与上次作业相连，图名为螺纹紧固件连接。余一题画在此页上）	班级　　　　姓名　　　　学号	

1. 已知螺柱 GB/T 898—1988 M16×40、螺母 GB/T 6170—2015 M16、垫圈 GB/T 93—1987 16，用比例画法作出连接后的主、俯视图（1∶1）。

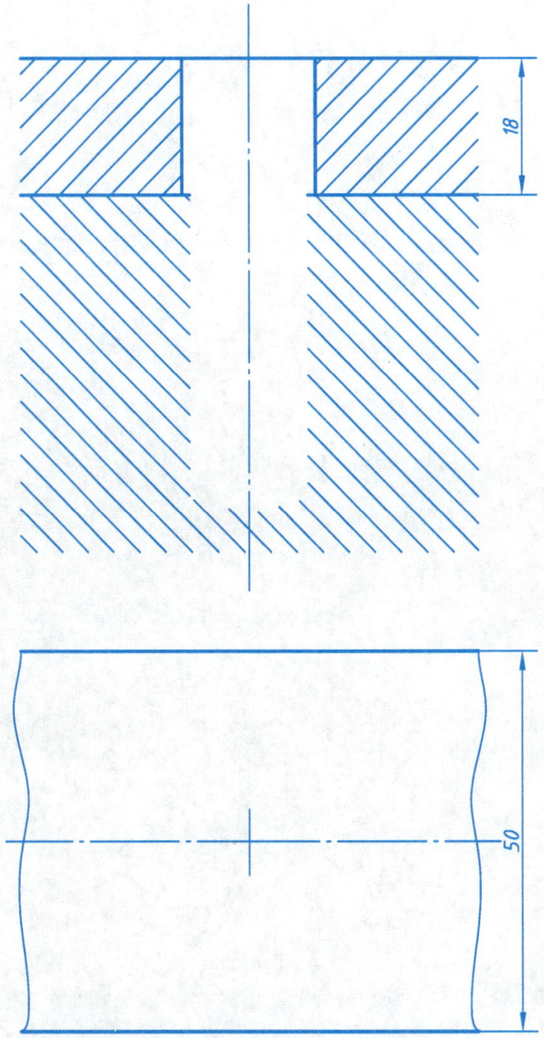

2. 已知螺栓 GB/T 5780—2016 M16×80、螺母 GB/T 6170—2015 M16、垫圈 GB/T 97.1—2002 16，用比例画法作出连接后的主、俯视图（1∶1）。

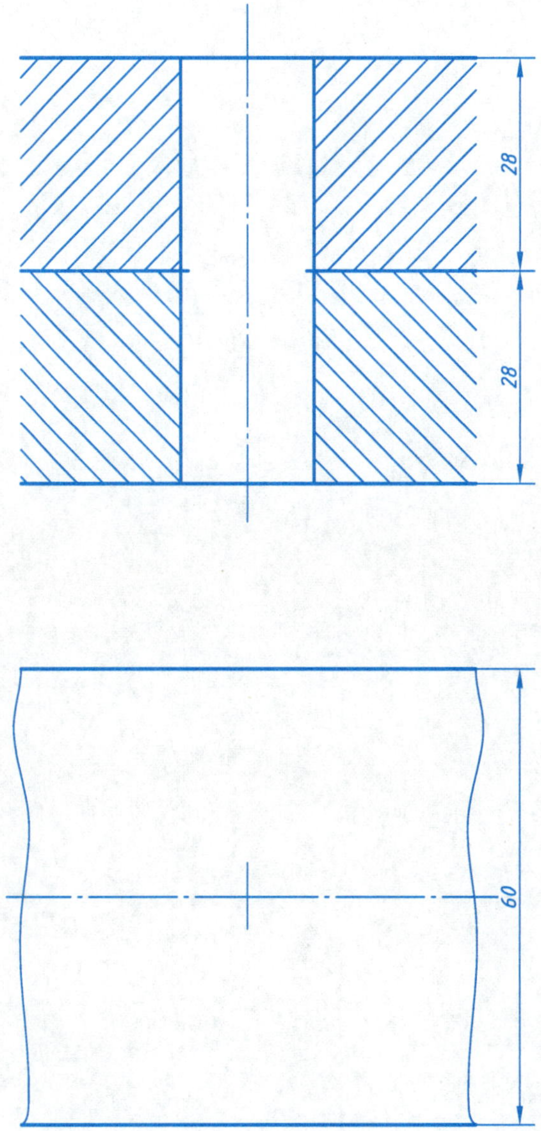

3. 已知螺钉 GB/T 67—2016 M8×30，用比例画法作出连接后的主、俯视图（2∶1）。

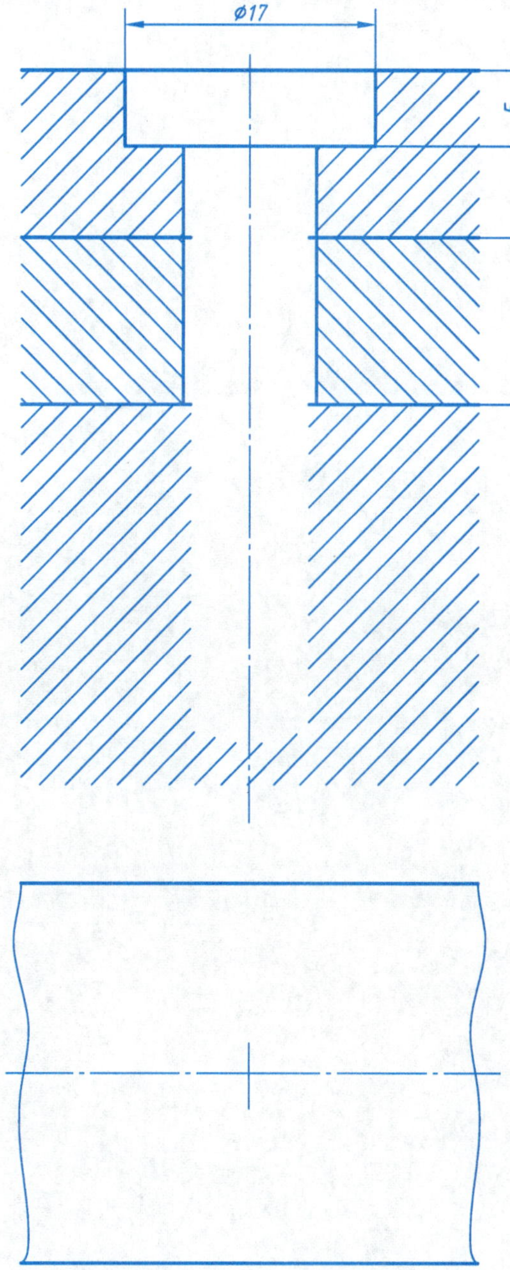

第六次上机练习

1. 目的：初步掌握用AutoCAD图形库的建立和应用。
2. 内容：第1、2两题，第2题加画左视图，不需标注尺寸，但要绘制图框和标题栏。
   图名：螺纹紧固件连接；图号：CAD-4；图幅：A3图纸；比例：1∶1。
3. 注意事项：参考主教材，先定义螺母、螺栓的块，然后插入这些块。其他事项参考第二次上机练习。

直齿圆柱齿轮的规定画法　　　　班级　　　　姓名　　　　学号

1. 已知直齿圆柱齿轮模数$m=5$ mm，齿数$z=40$，试计算该齿轮的分度圆、齿顶圆和齿根圆的直径。用1:2的比例完成下列两视图，并补全图中所缺的所有尺寸（除需要计算的尺寸外，其他尺寸从图上以1:2量取，取整数，各倒角皆为C1.5）。

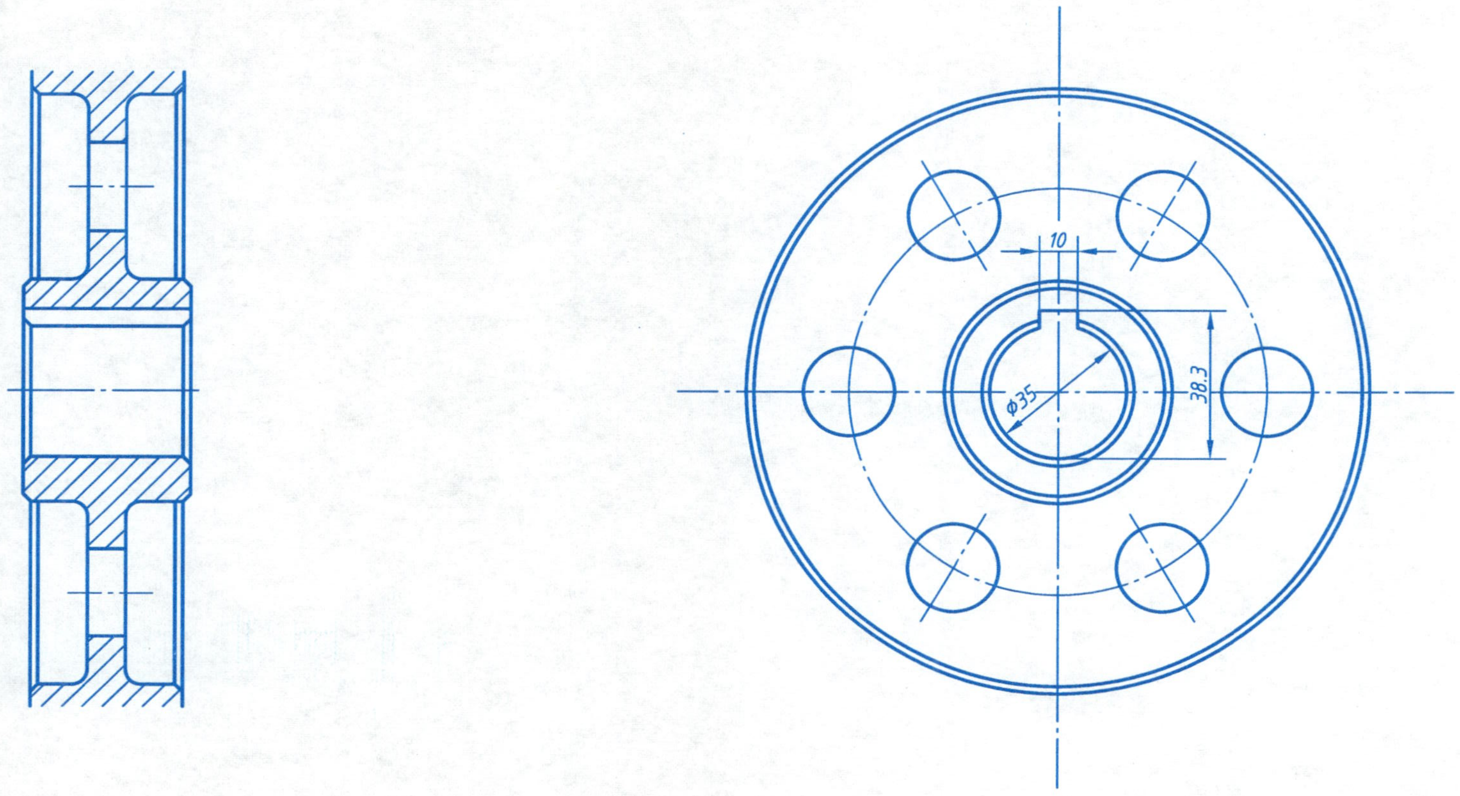

2. 已知大齿轮的模数$m=4$ mm，齿数$z_2=38$，两齿轮的中心距$a=116$ mm，试计算两齿轮的分度圆、齿顶圆和齿根圆的直径及传动比。用1:2的比例完成下列直齿圆柱齿轮的啮合图。将计算公式写在图的左侧空白处。

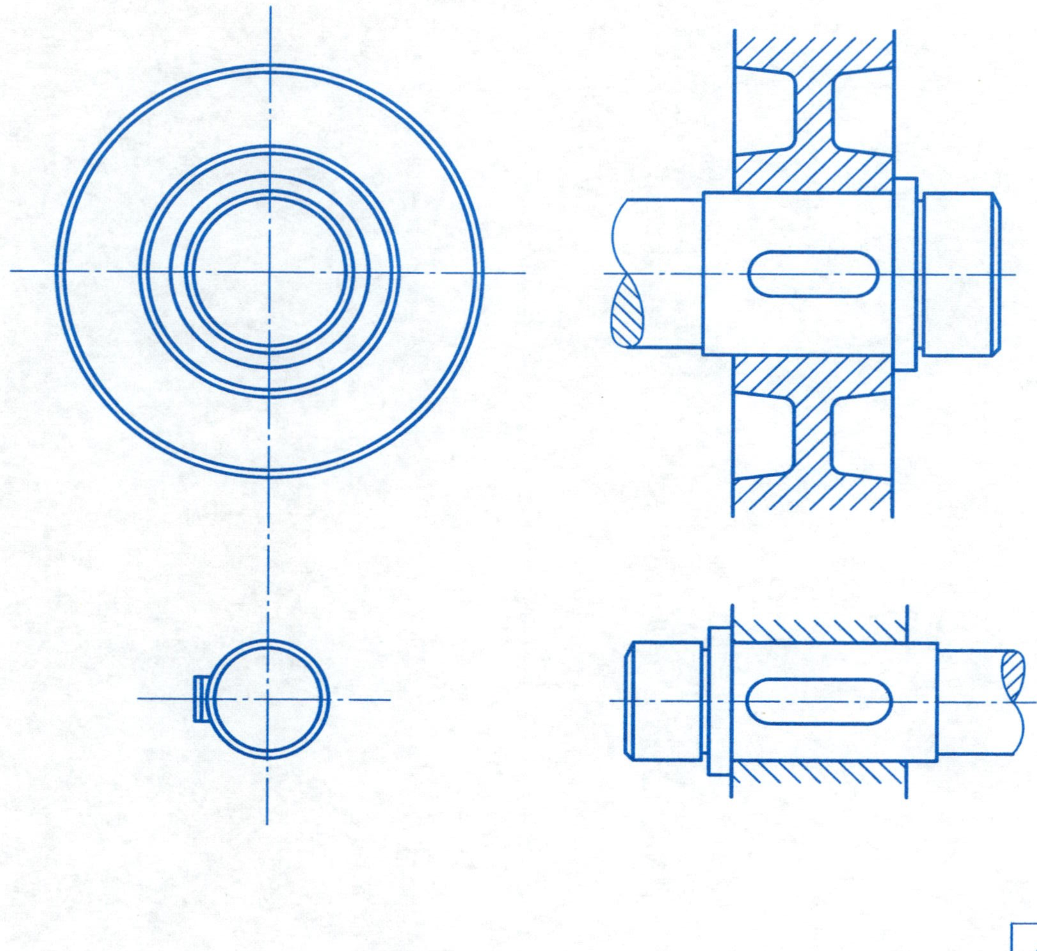

键、滚动轴承和圆柱螺旋压缩弹簧的画法

班级　　　　姓名　　　　学号

1. 已知用1∶2比例画出的齿轮和轴，用普通A型平键连接齿轮和轴，键宽b=12 mm，按比例量出轴径、孔径和键长，查表确定键和键槽的尺寸，写出键的规定标记；分别画全（1）、（2）、（3）中的图形，并标注出（1）和（2）中轴径、孔径和键槽的尺寸，不注键槽的公差。

键的规定标记：________________。

（1）轴

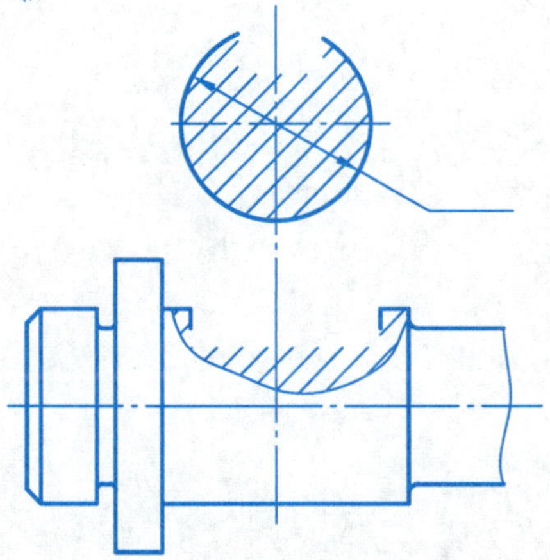

（2）齿轮

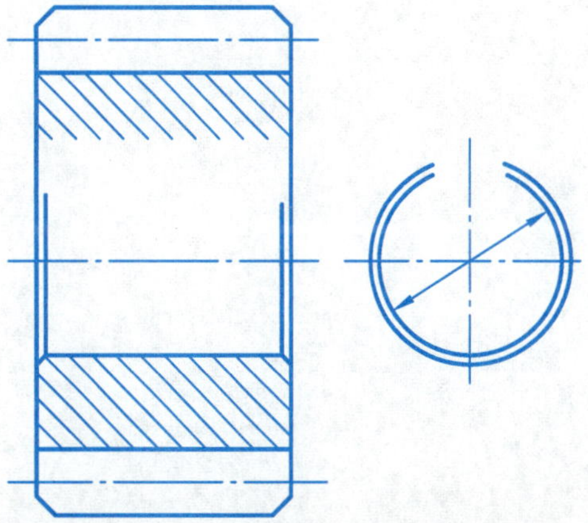

（3）齿轮和轴联结后

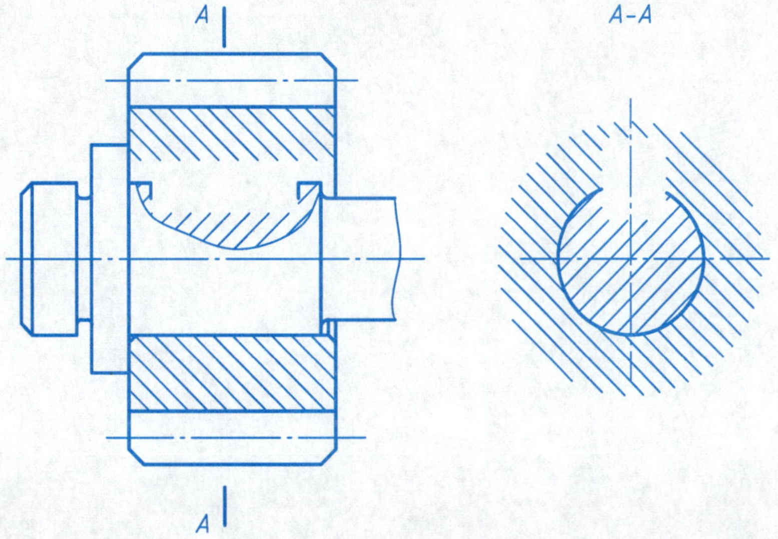

2. 已知用1∶1比例画出的阶梯轴在直径为25 mm和15 mm的轴肩处，各支承在一个已注明标记的滚动轴承上，写出这两个轴承的类型，并用规定画法画全支承处的轴承。

这两个轴承的类型是________________。

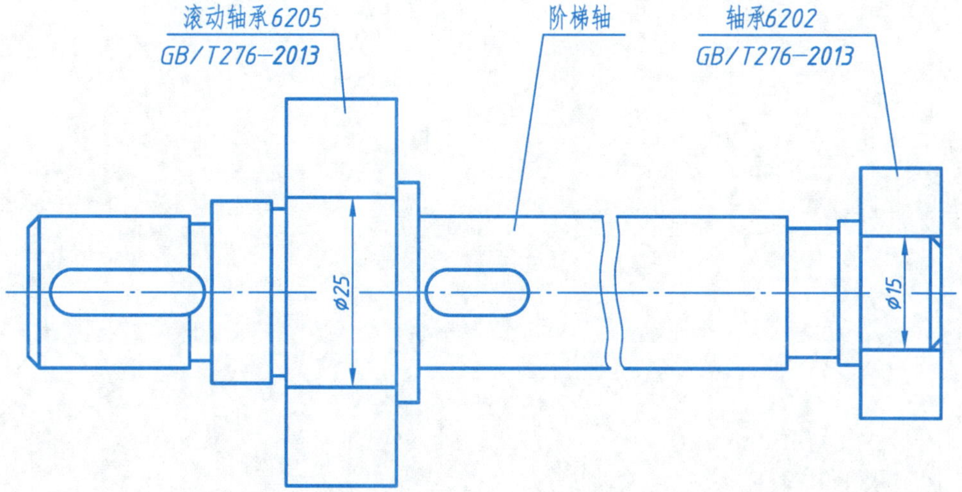

*3. 已知YA型圆柱螺旋压缩弹簧的材料直径d = 6 mm，弹簧中径D = 45 mm，自由高度H_0 = 105 mm，有效圈数n = 6.5，支承圈数n_2 = 2，右旋。用1∶1比例画出弹簧的全剖视图（轴线水平放置）。

零件表达方案与尺寸标注

班级　　姓名　　学号

1. 参照立体示意图和已选定的主视图，该零件的形状前后对称，确定表达方案（比例1:1），并标注尺寸（尺寸从图中量取，取整数；主视图中未能显示的尺寸，从立体示意图中读取）。

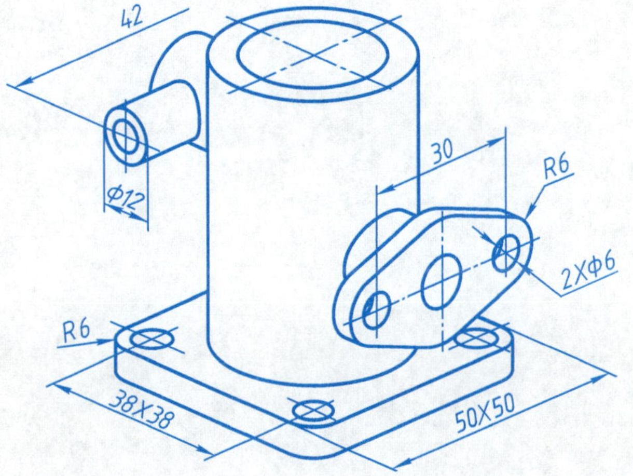

2. 读支架零件图，并回答下列问题。

(1) 分别用指引线和文字指出支架长、宽、高三个方向的主要尺寸基准。

(2) 零件上2XΦ15孔的定位尺寸是＿＿＿＿，＿＿＿＿。

(3) M6-7H螺纹的含义是＿＿＿＿＿＿＿＿＿＿＿＿。

(4) 零件图上各表面结构代号的最高要求是＿＿＿＿，最低要求是＿＿＿＿。

(5) 表达该支架采用的一组图形分别为＿＿＿＿，＿＿＿＿，＿＿＿＿。

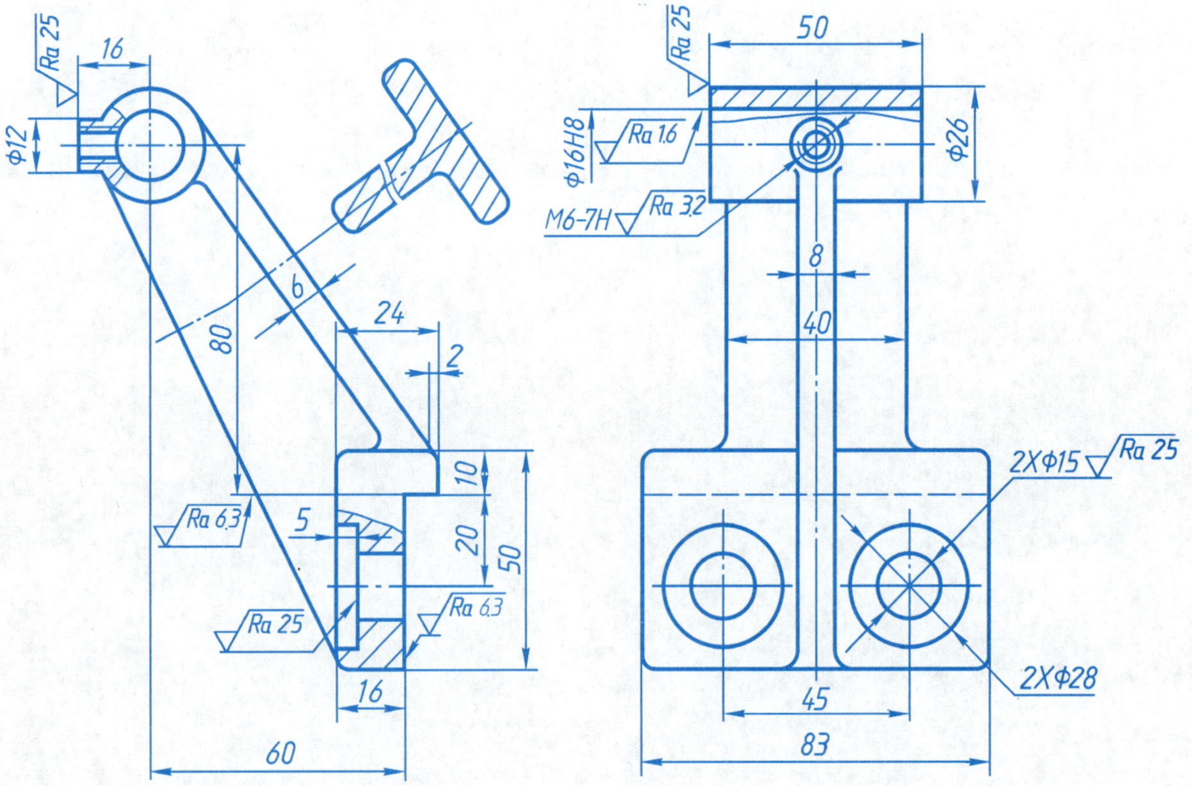

技术要求

1. 未注铸造圆角R3。
2. 铸件不得有砂眼、裂纹等缺陷。

$\sqrt{}$ ($\sqrt{}$)

支　架		比例	1:2	（图号）	
		材料	HT200		
制图					
审核				（校　名）	

1. 根据给定的Ra值，将表面结构要求标注在图上。

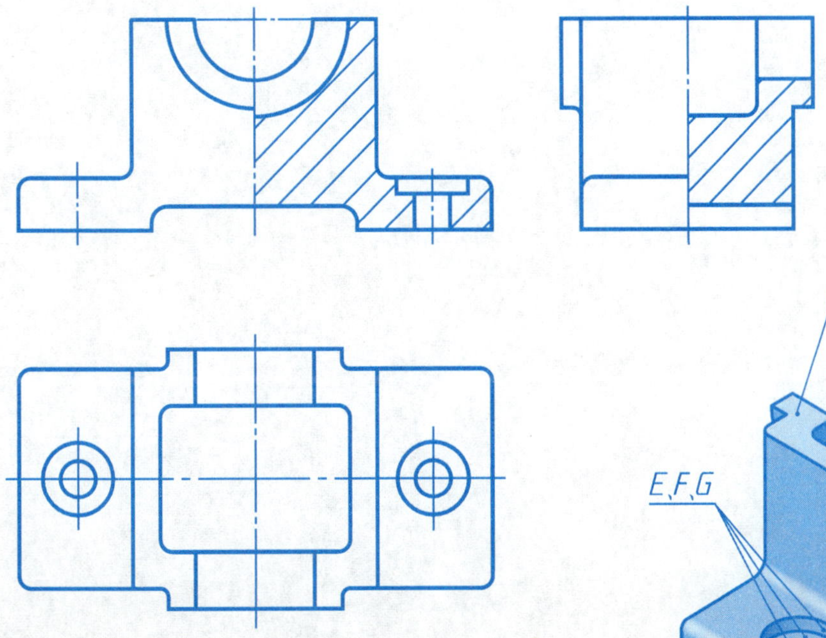

表面	A、B	C	D	E、F、G	其余
Ra/μm	12.5	3.2	6.3	25	毛坯面

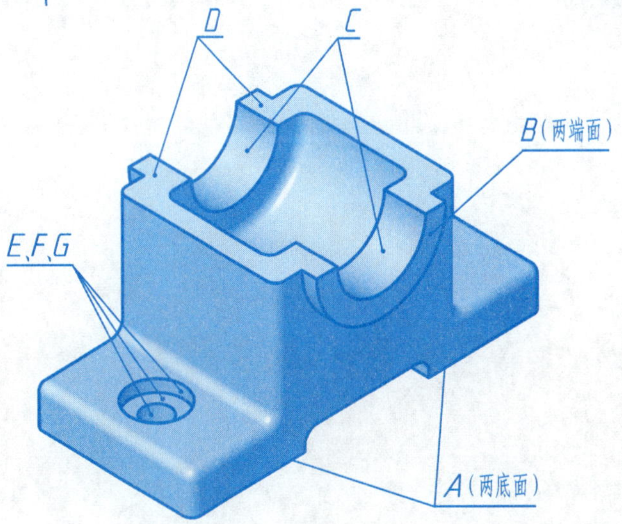

2. 标注轴和孔的公称尺寸及上、下极限偏差，并填空。

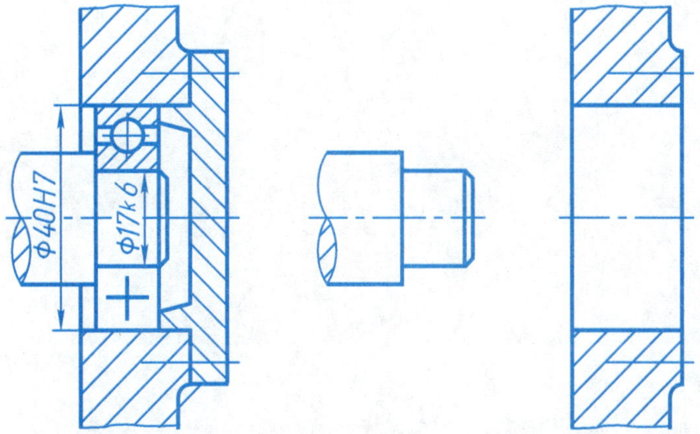

滚动轴承与座孔的配合为______制，座孔基本偏差代号为______，公差等级为______级。

滚动轴承与轴的配合为______制，轴的基本偏差代号为______，公差等级为______级。

3. 解释配合代号的含义，查表得上、下极限偏差值后标注在零件图上，然后填空。

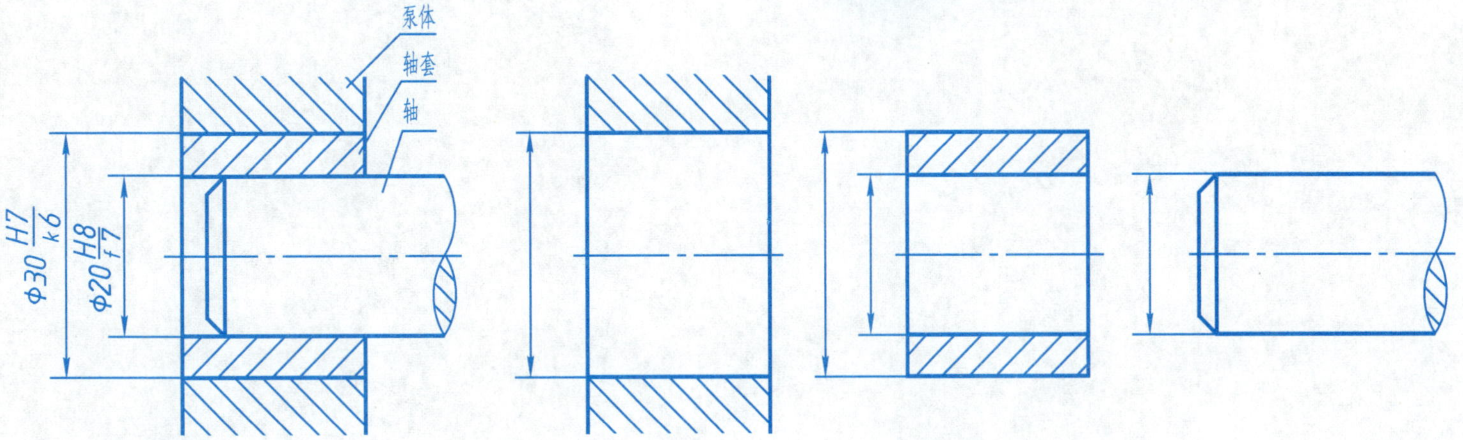

（1）轴套与泵体配合

公称尺寸______，基______制。

公差等级：轴IT___级，孔IT___级，___配合。

轴套：上极限偏差_____，下极限偏差_____。

泵体孔：上极限偏差_____，下极限偏差_____。

（2）轴套与轴配合

公称尺寸______，基______制。

公差等级：轴IT___级，孔IT___级，___配合。

轴套：上极限偏差_____，下极限偏差_____。

轴：上极限偏差_____，下极限偏差_____。

*4. 用文字解释图中的几何公差（按编号1、2、3填写）。

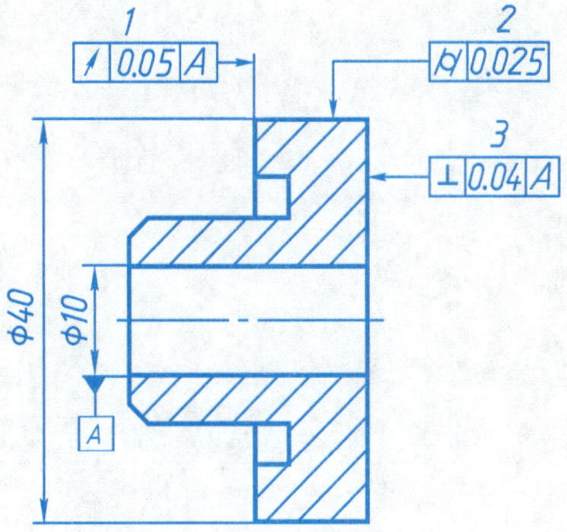

1. ______________________________；

2. ______________________________；

3. ______________________________。

读零件图（一）

班级　　　姓名　　　学号

1. 读轴承盖零件图，在指定位置画 B—B 剖视图（采用对称画法，画出下一半，即前方的一半），并回答下列问题：

(1) Ø70d9写成有上、下极限偏差的注法为________。

(2) 主视图的右端面有Ø54 深3的凹槽，这样的结构是考虑________零件的重量而设计的。

(3) 说明 $\frac{4\times Ø9}{⌴Ø20}$ 的含义：4个Ø9 的孔是按与螺纹规格______的螺栓相配的______装配的通孔直径而定的，⌴Ø20 的深度只要能____为止。

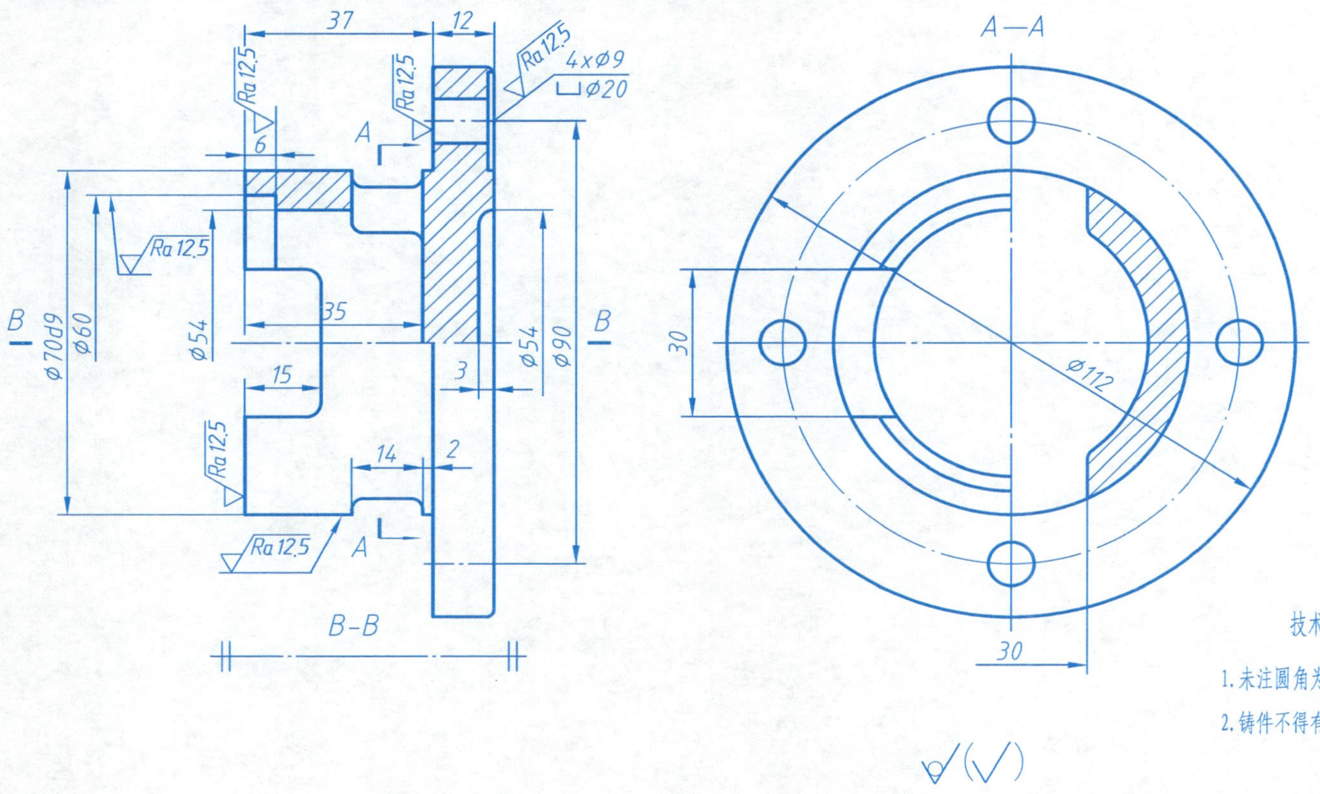

技术要求

1. 未注圆角为R3。
2. 铸件不得有气孔、裂纹等缺陷。

$\sqrt{}$ ($\sqrt{}$)

轴承盖	比例		14-03
	材料	HT200	
制图			
审核			（校 名）

2. 读套筒零件图，在指定位置分别画出局部视图B和移出断面图。

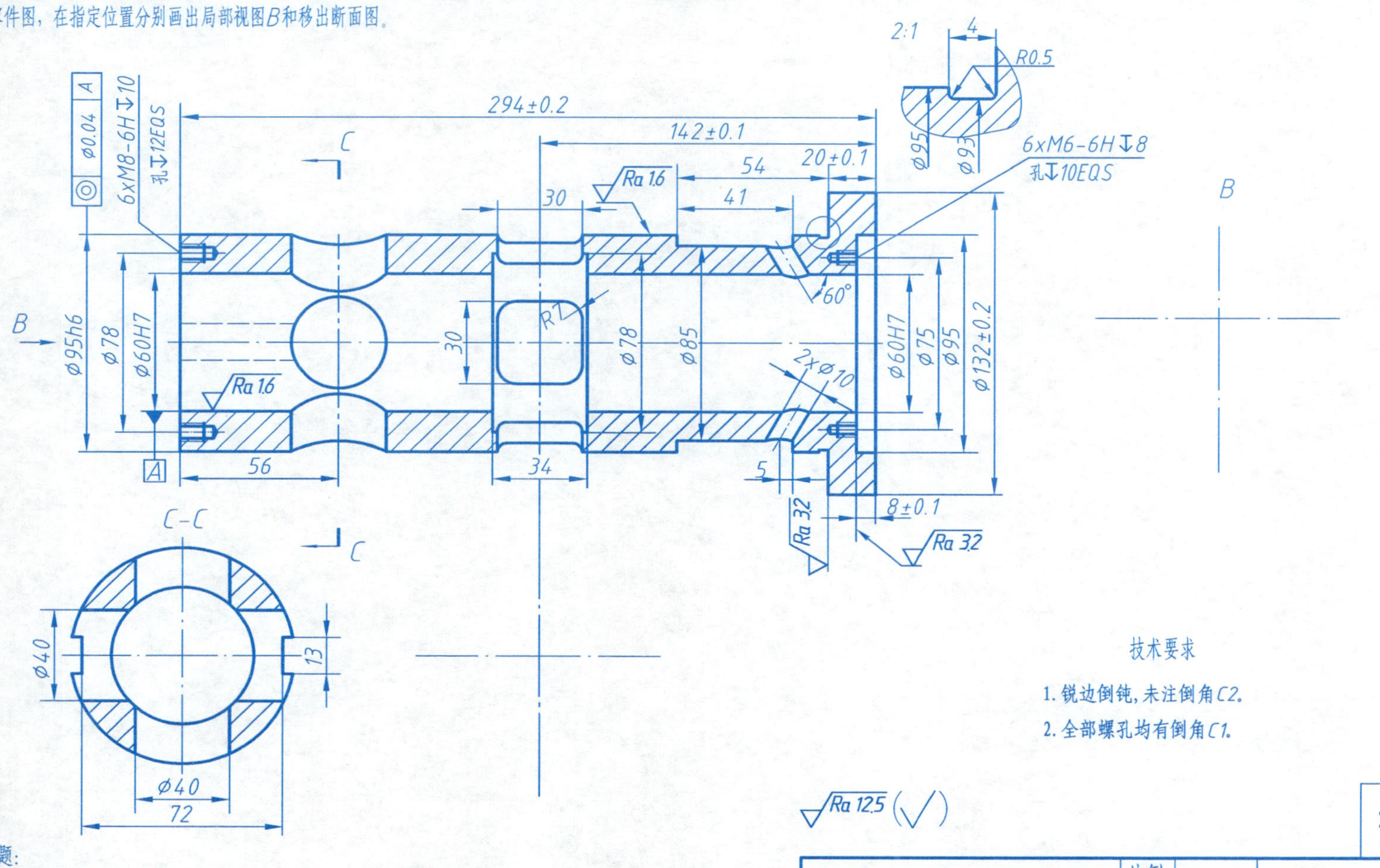

技术要求

1. 锐边倒钝，未注倒角C2。
2. 全部螺孔均有倒角C1。

$\sqrt{Ra\ 12.5}$ ($\sqrt{}$)

50

套　筒	比例		13-04
	材料	45	
制图			
审核			（校 名）

回答下列问题：

(1) 用符号“△”标出长度方向尺寸的主要基准。

(2) 说明符号 ◎ Ø0.04 A 的含义：符号 ◎ 表示________，数字Ø0.04表示________，A是________。

(3) Ø95h6的含义是什么？是什么配合制？

(4) 解释 $\frac{6\times M6-6H↧8}{孔↧10EQS}$ 的含义。

读零件图（二）

班级　　　姓名　　　学号

1. 读支架零件图，在指定位置画出$A—A$剖视图，并在图中用符号“△”标出长、宽、高三个方向的主要尺寸基准。
回答下列问题：(1) 面 I 的表面结构代号为 ______。(2) $\phi 27^{+0.021}_{0}$ 是 ______ 孔的尺寸，它的标准公差是 ______ 级。(3) 在主视图上可以看到$\phi 28$圆柱的左端面超出连接板，这是为了增加轴孔$\phi 15H7$的 ______ 面，而连接板的70×80左端面做成凹槽是为了减少 ______ 面。

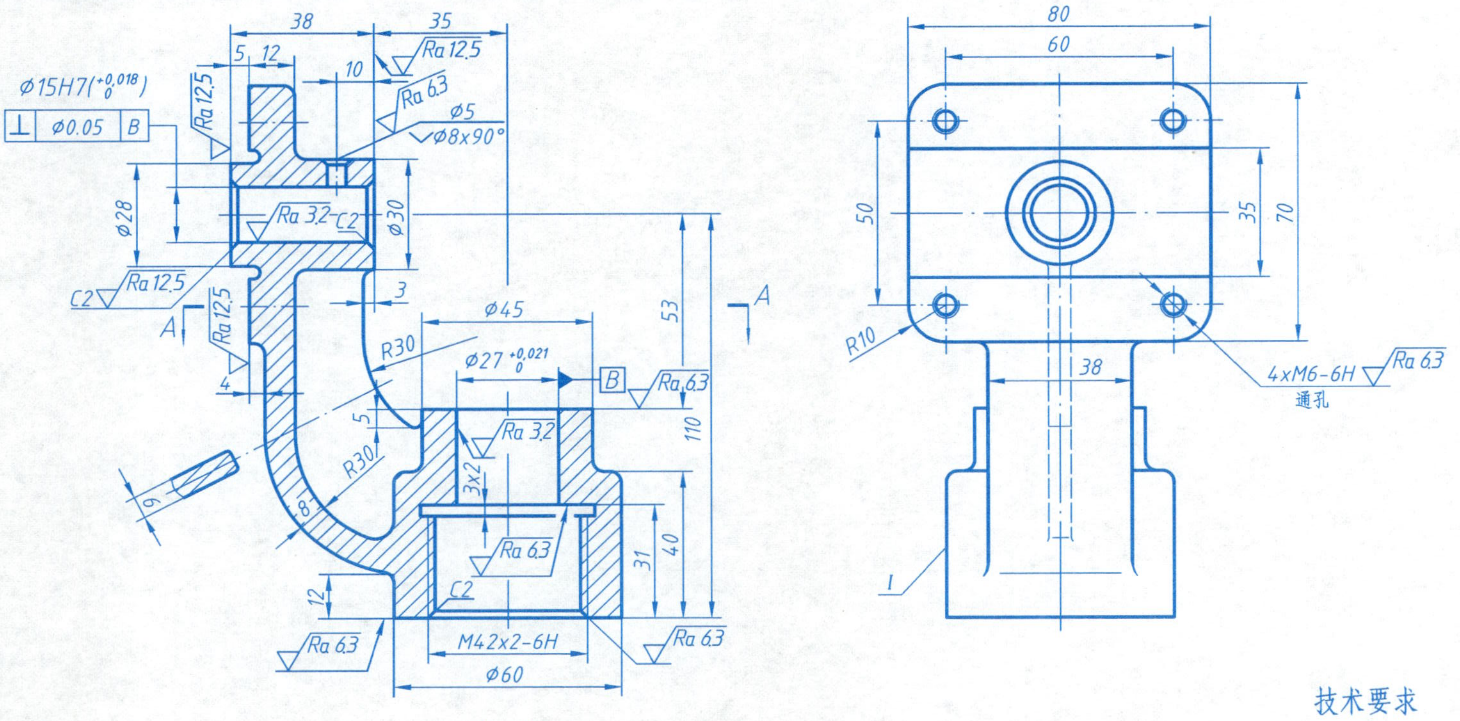

A—A

技术要求

1. 未注圆角为$R1\sim R5$。
2. 铸件不允许有砂眼、缩孔和裂纹等缺陷。

(√)

支　架			比例	1:2	15-02
			材料	HT200	
制图					
审核			（校　名）		

2. 读底座零件图：(1) 在指定位置画出左视的外形图；(2) 用符号“△”标出长、宽、高三个方向的主要尺寸基准；(3) 补全图中所缺的尺寸；(4) 该零件表面结构代号有 ______ 种要求，它们分别是 ______。

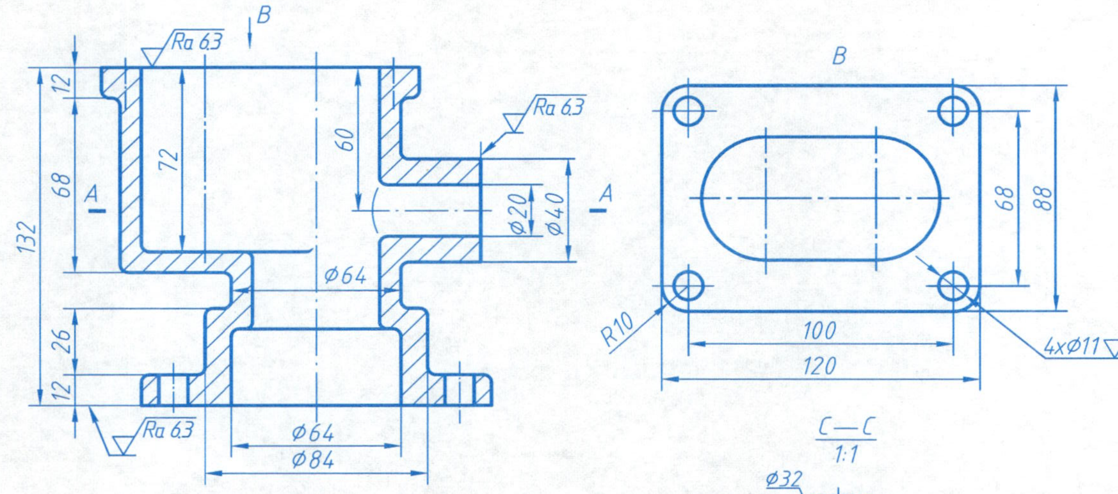

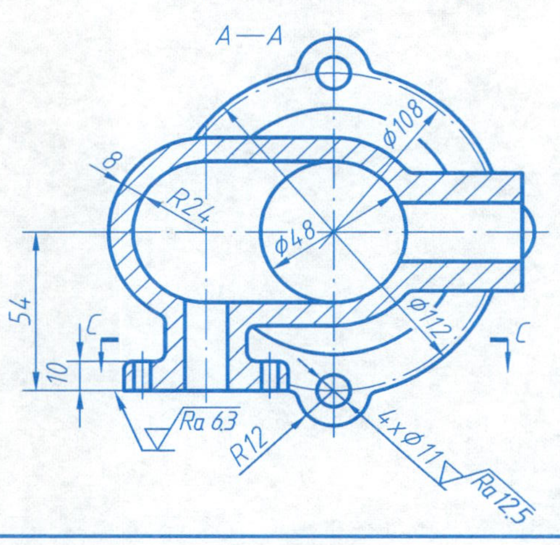

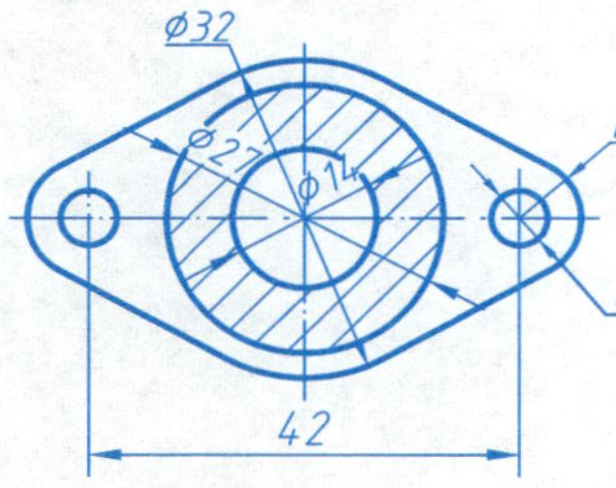

（注：本题已按0.7缩尺，补尺寸时按比例量出后要再乘1/0.7注写。左视的外形视图则按缩尺后的长度画。）

技术要求

1. 未注圆角为$R1\sim R3$。
2. 铸件不得有气孔、裂纹等缺陷 。

(√)

底　座			比例	1:2	17-06
			材料	HT150	
制图					
审核			（校　名）		

1. 读底座零件图，在本图右侧画出左视的外形图，并标注尺寸（按1:1.5在图中量取，取整数）和表面结构要求（只标注表面结构的图形符号 √ 和 ○√，不注写参数代号和数值）。
2. 用“Δ”符号标出长、宽、高三个方向的主要尺寸基准。

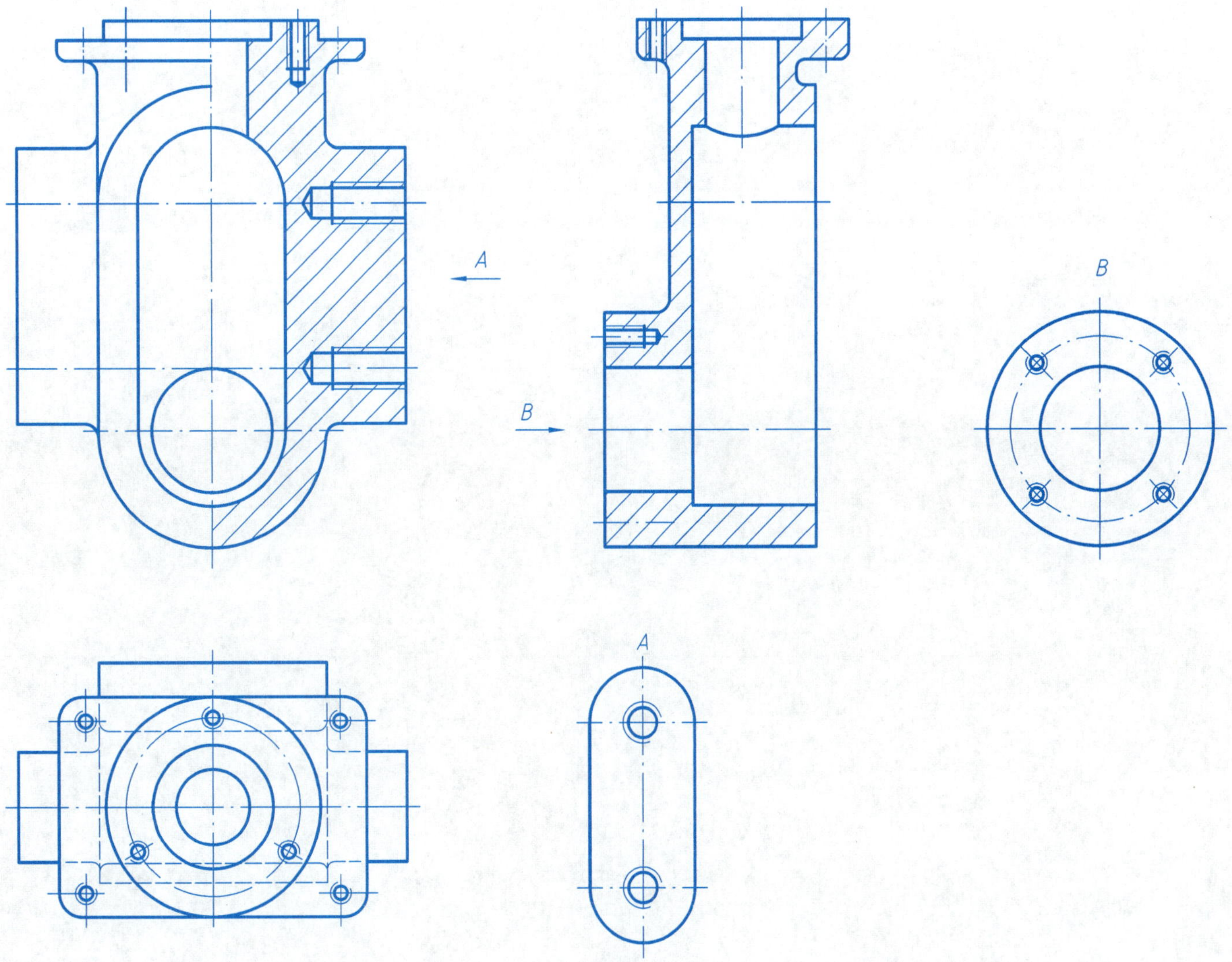

技术要求

1. 未注铸造圆角为 $R2 \sim R4$。
2. 铸件不得有砂眼、气孔、裂纹等缺陷。
3. 起模斜度 1:50。

底 座		比例	1:1.5	21-10
		材料	HT150	
制图				
审核				（校 名）

由教师指定徒手绘制下列轴测图所示的一件或两件零件的草图，选用恰当的表达方案，完整、清晰地表达该零件的结构形状，标注全部尺寸及技术要求，并用尺规在A3图纸上绘制。

零件名称：支座（前后、左右对称）
材料：HT150

零件名称：支架（前后对称）
材料：HT200
表面结构参数参照左图自定

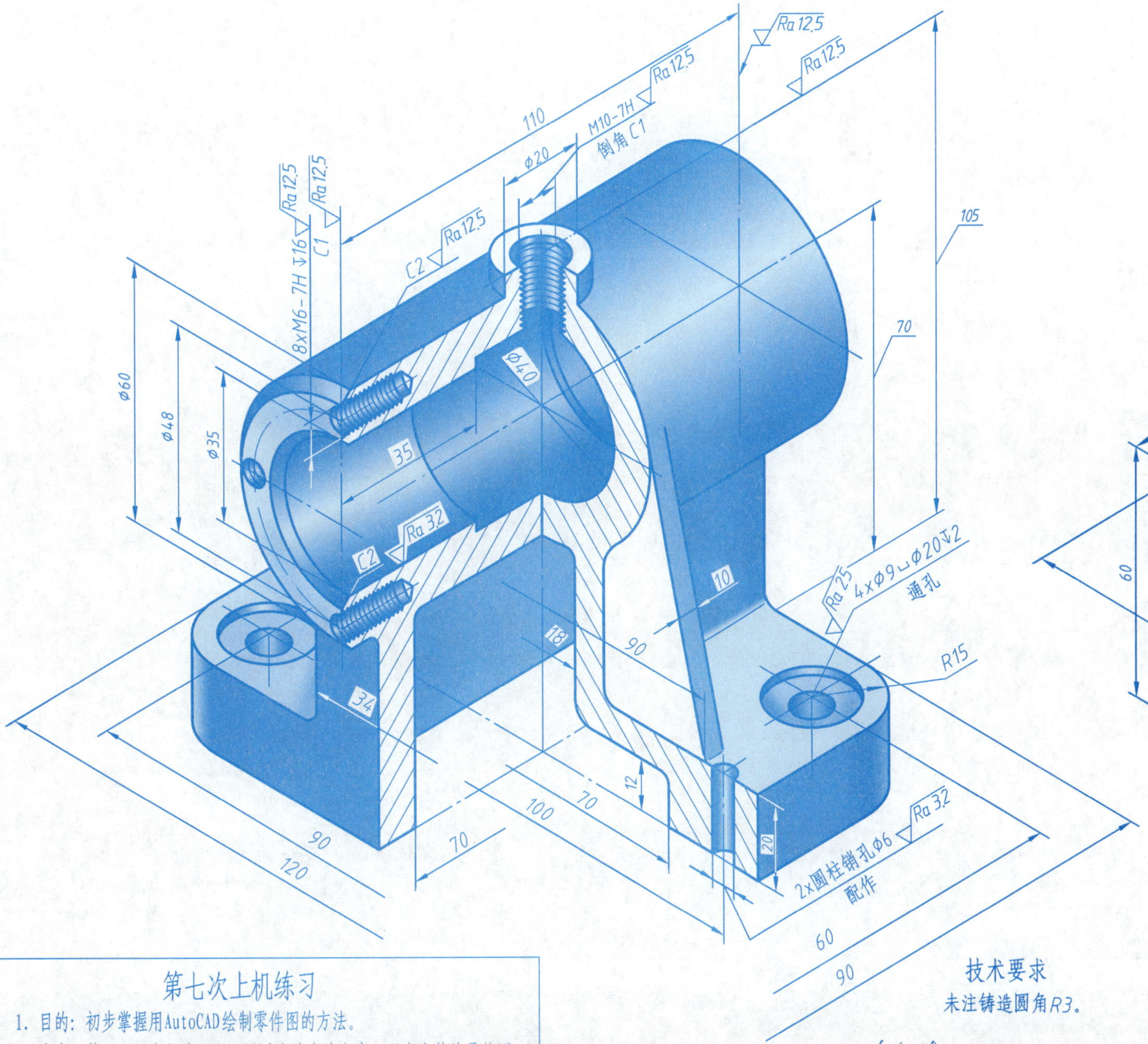

技术要求
未注铸造圆角R3。

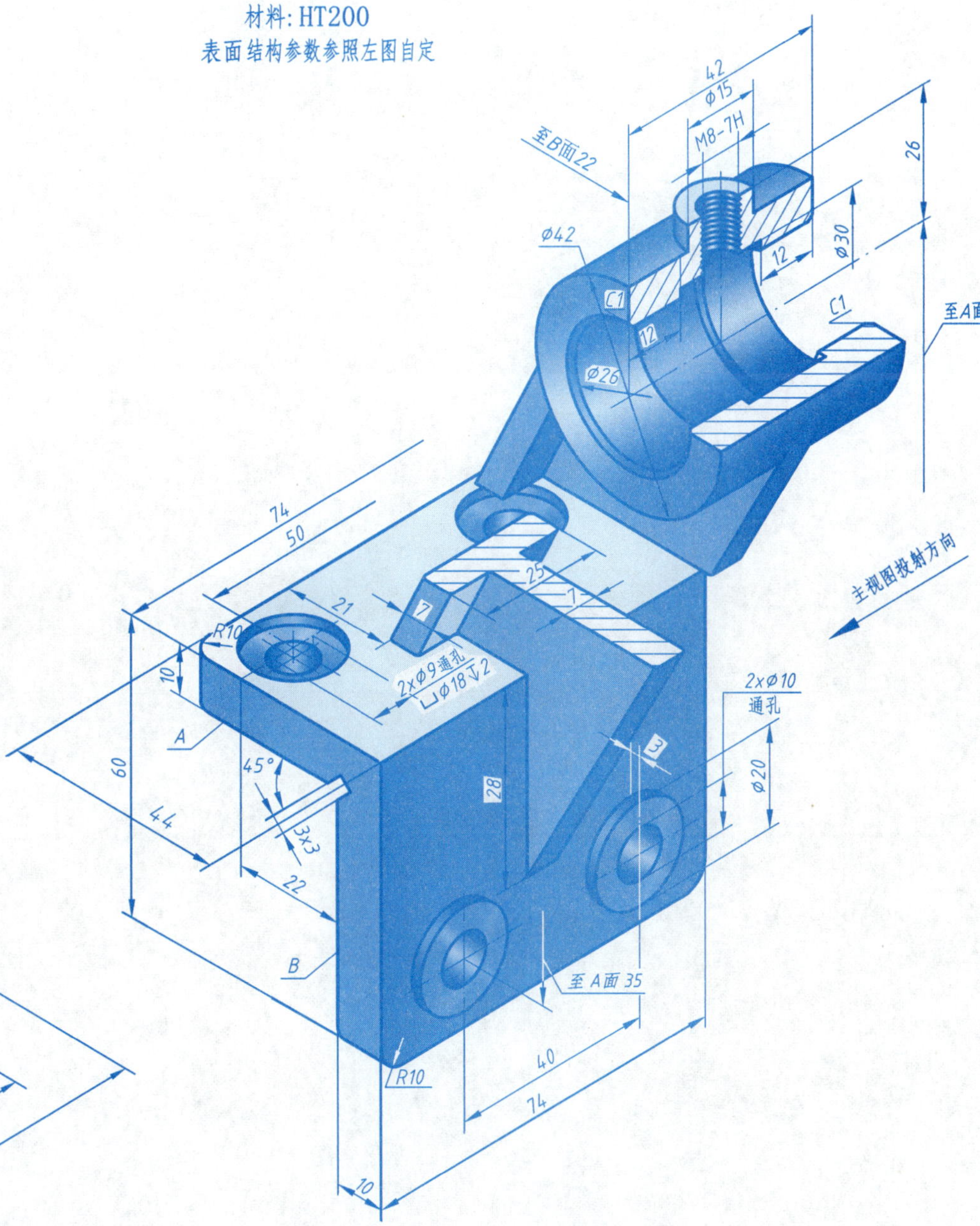

技术要求
未注圆角R1~R3。

$\sqrt{}$ ($\sqrt{}$)

第七次上机练习

1. 目的：初步掌握用AutoCAD绘制零件图的方法。
2. 内容：第1、2题中任选一题，用适当的表达方案，画出完整的零件图。
   图名：支座或支架；图号：CAD-5；图幅：A3图纸；比例：1∶1。
3. 注意事项：表面结构代号可以利用块功能。

画装配图(一):在A3图纸上画夹紧卡爪装配图(根据装配示意图及成套零件图按1:1绘制装配图，画主、俯、左视图，主视图的投射方向同装配示意图)

夹紧卡爪装配示意图(其中标准件两种)

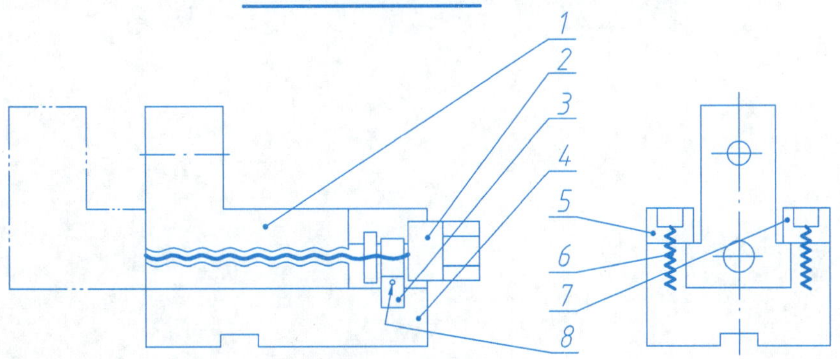

夹紧卡爪工作原理

夹紧卡爪是组合夹具，在机床上用来夹紧工件。它由8种零件组成(见示意图)。

卡爪1底部与基体4凹槽相配合($34\frac{H7}{h6}$)。螺杆2的外螺纹与卡爪的内螺纹连接，而螺杆的轴颈被垫铁3卡住，使它只能在垫铁中转动，而不能沿轴向移动。垫铁用2个螺钉8固定在基体的弧形槽内。为了防止卡爪脱出基体，用前、后2块盖板(5与7)加6个内六角圆柱头螺钉6连接基体。

当用扳手旋转螺杆2时，靠梯形螺纹传动使卡爪在基体内左右移动，以便夹紧或松开工件(主视图左侧双点画线所示)。

6—螺钉 GB/T 70.1—2008 M8×16(6件)；8—螺钉 GB/T 71—2018 M6×12(2件)

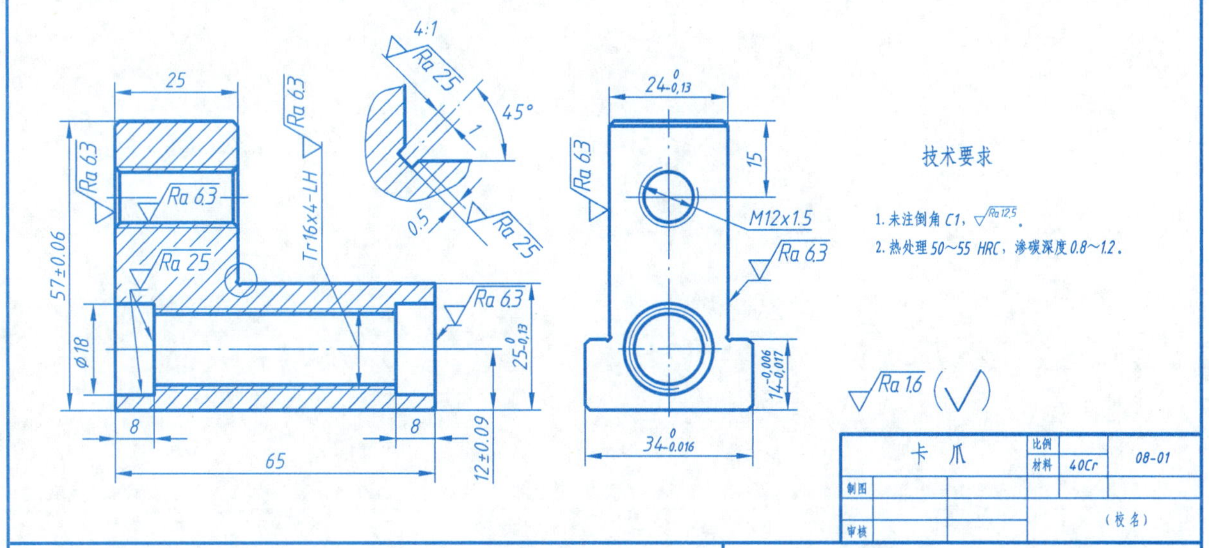

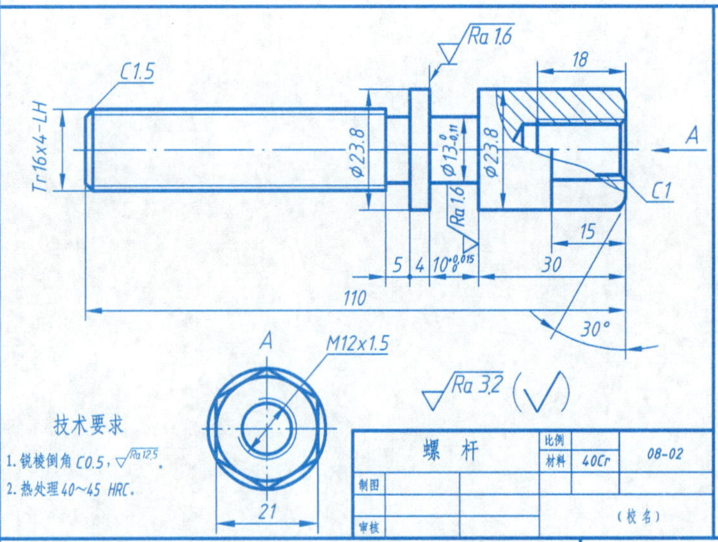

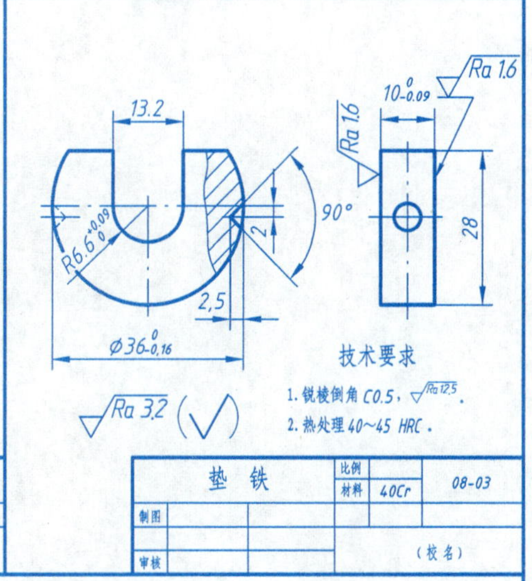

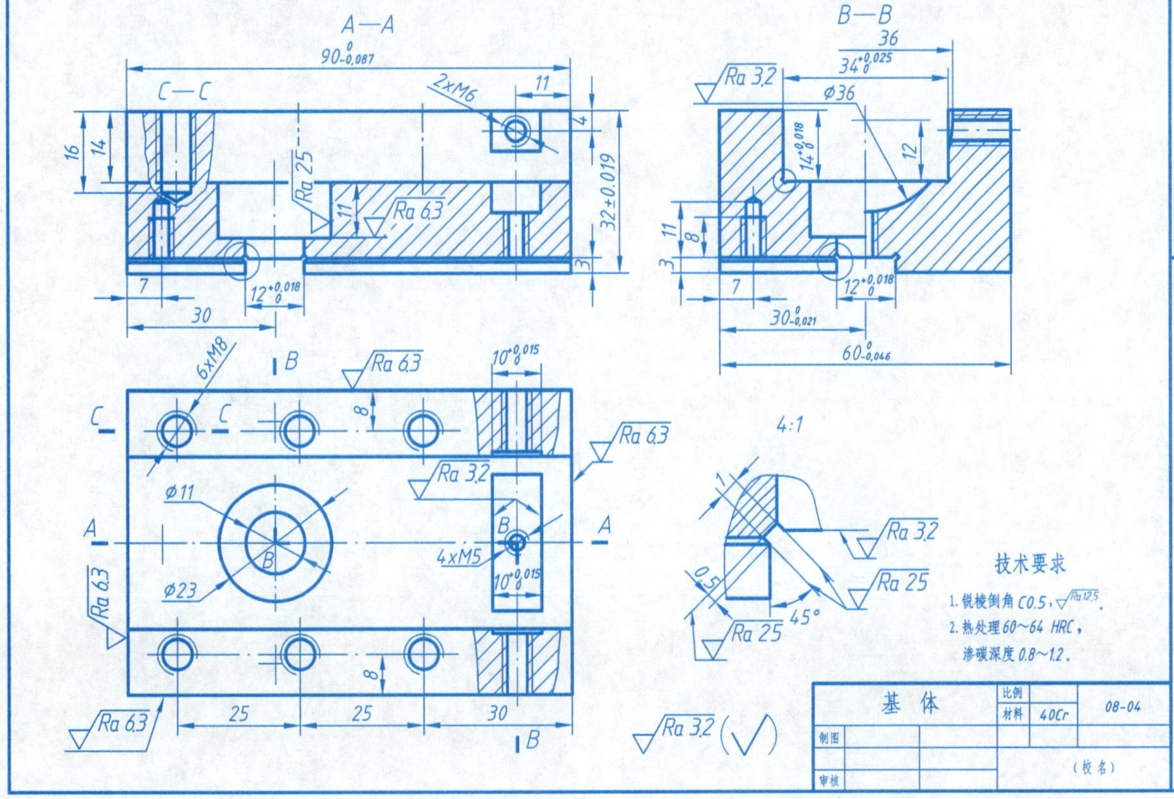

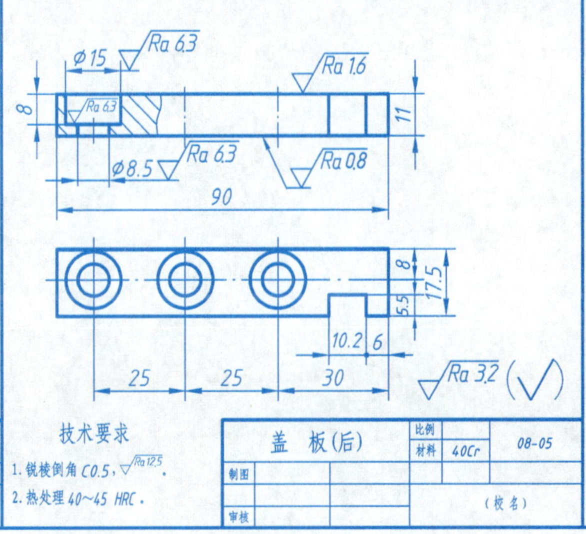

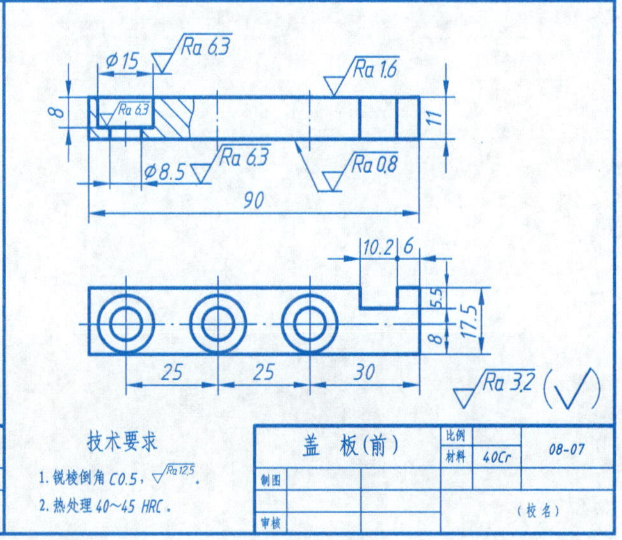

一、工作原理

手压阀是吸进和排出液体的一种手动阀门。当握住手柄2向下压紧阀杆4时，阀杆压缩弹簧8向下移动，入口开通，此时液体排出；当手柄抬起时，弹簧松开，阀杆向上紧贴阀体，液体则不再通过。

二、作业提示

1. 了解部件工作原理和每个零件的作用及结构。
2. 选择装配图表达方案拼画装配图。
3. 绘图时，先画阀体7再画阀杆4（按阀杆最高极限位置作图），使阀杆的90°锥面与阀体的90°锥面接触。

第八次上机练习

1. 目的：初步掌握用AutoCAD绘制装配图的方法。
2. 内容：第54~56页提供的夹紧卡爪和手压阀中任选一题，用适当的表达方案画出完整的装配图。
   图名：夹紧卡爪或手压阀；图号：CAD-6；图幅：A3图纸；比例：1∶1。
3. 注意事项：为保证序号排列整齐可先绘制辅助线，完成后删去辅助线。

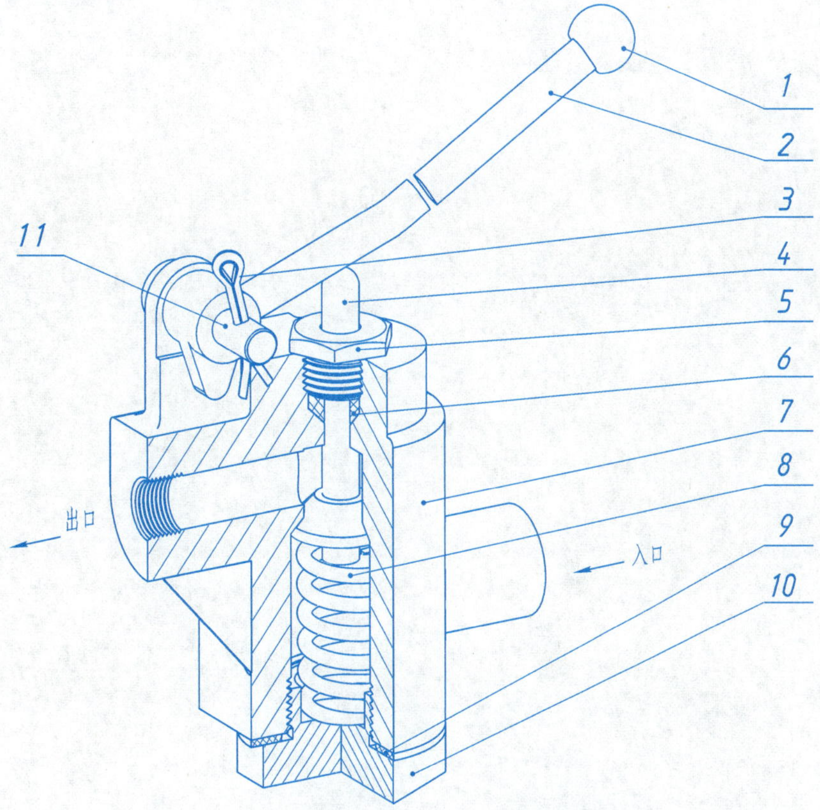

手压阀零件一览表

11	销钉	20	1	5	螺套	Q235	1
10	调节螺母	Q235	1	4	阀杆	45	1
9	胶垫	橡胶	1	3	销	GB/T91 4X18	1
8	弹簧	65Mn	1	2	手柄	20	1
7	阀体	HT150	1	1	球头	胶木	1
6	填料	石棉	1	序号	名称	材料	件数

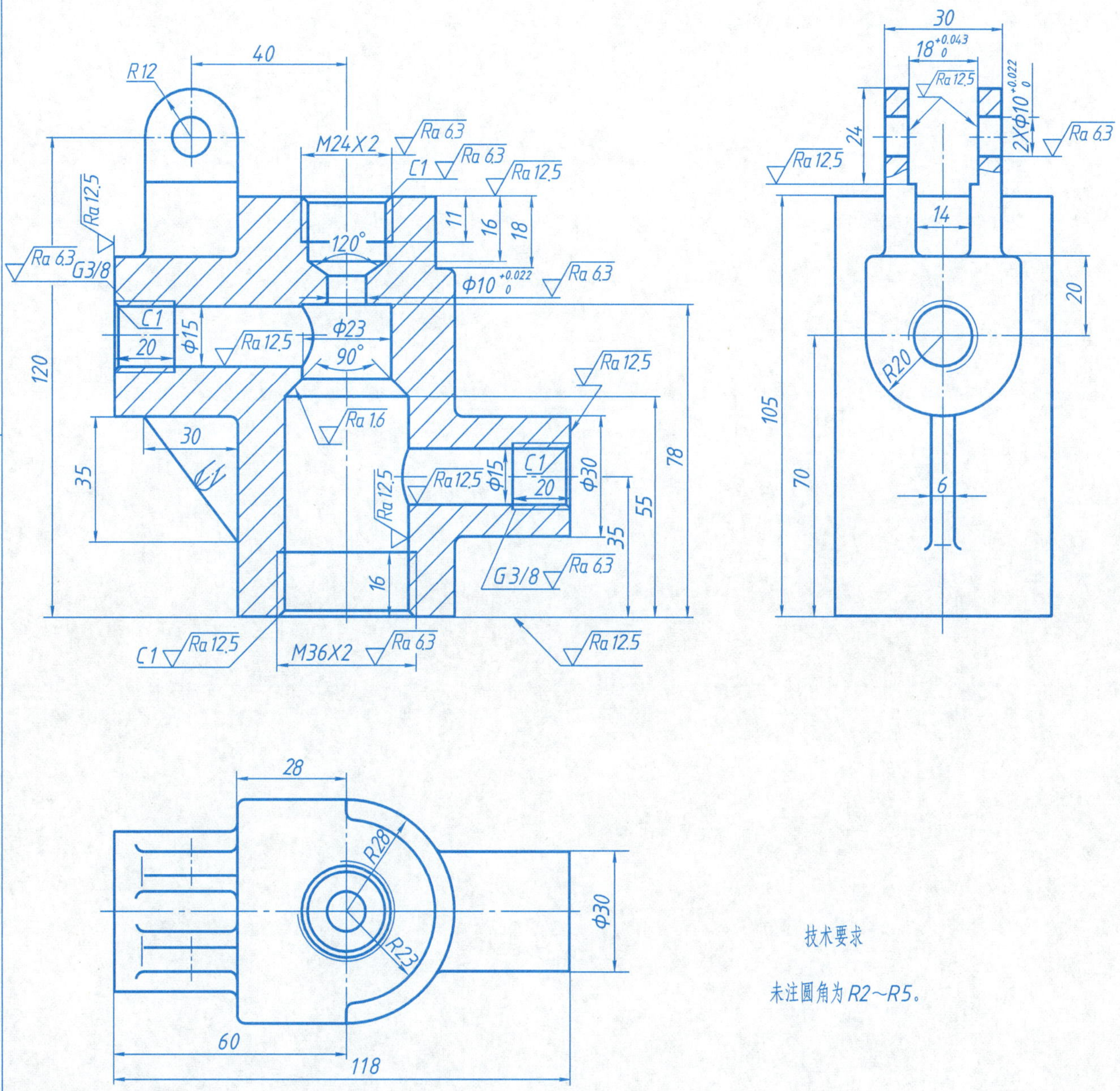

技术要求

未注圆角为R2~R5。

阀体	比例	1:2	07
	材料	HT150	
制图			
描图			（校名）
审核			

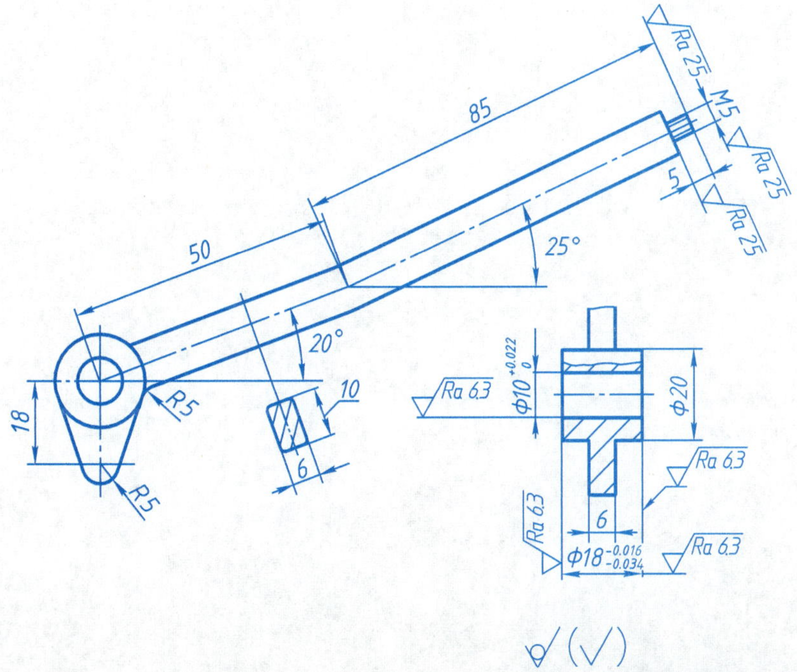

手柄	比例		02
	材料	20	
制图			（校名）
审核			

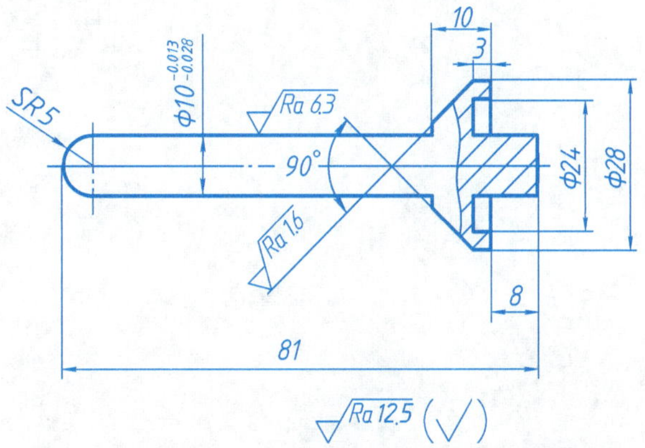

阀杆	比例		04
	材料	45	
制图			（校名）
审核			

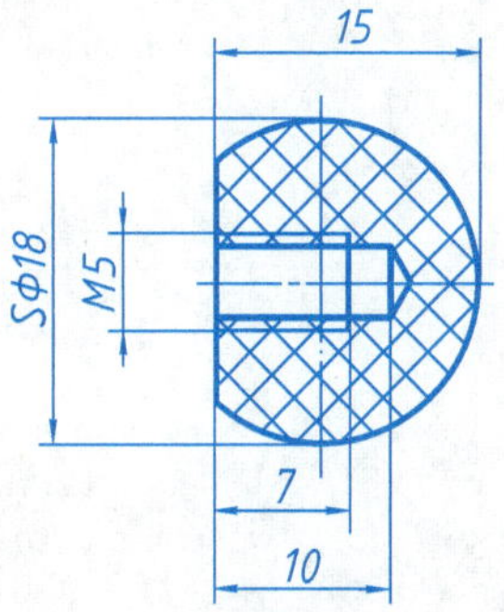

球头	比例		01
	材料	胶木	
制图			（校名）
审核			

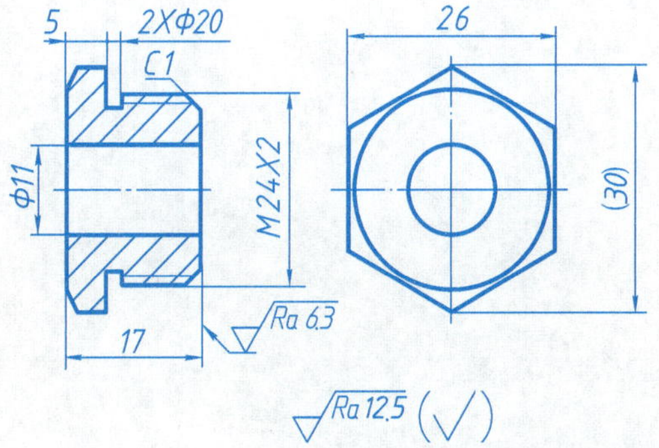

螺套	比例		05
	材料	Q235	
制图			（校名）
审核			

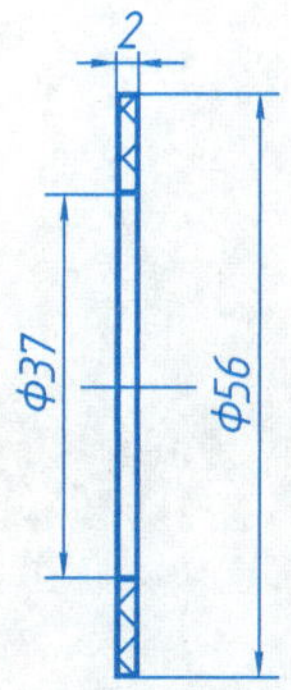

胶垫	比例		09
	材料	橡胶	
制图			（校名）
审核			

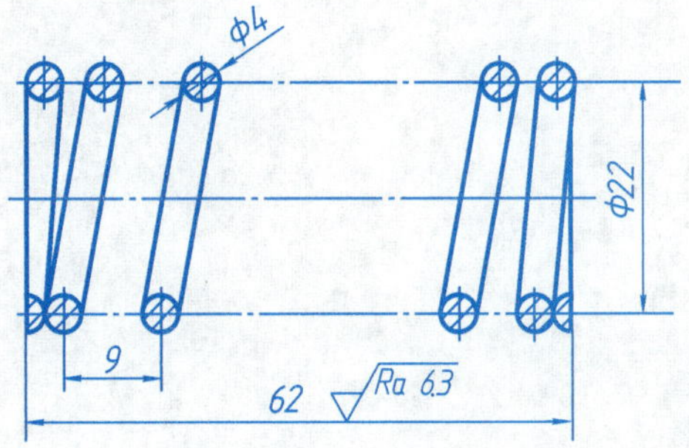

旋向：右

有效圈数：6

总圈数：8.5

展开长度：488

(√)

弹簧	比例		08
	材料	65Mn	
制图			（校名）
审核			

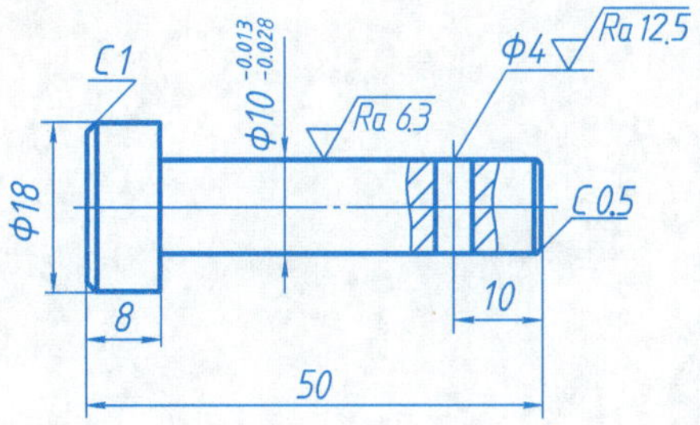

销钉	比例		11
	材料	20	
制图			（校名）
审核			

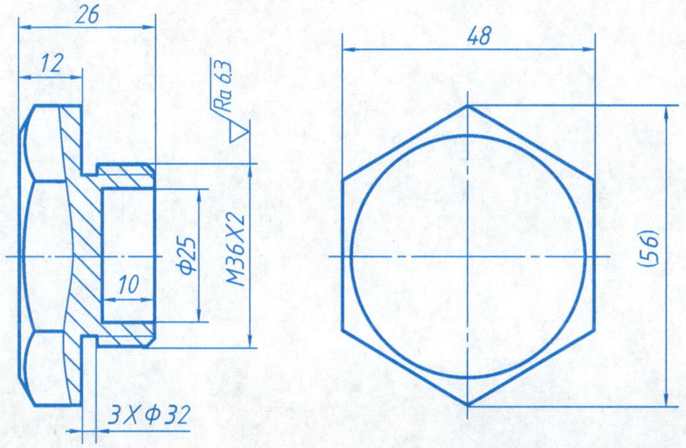

调节螺母	比例		10
	材料	Q235	
制图			（校名）
审核			

读装配图（一）：夹线体

班级　　姓名　　学号

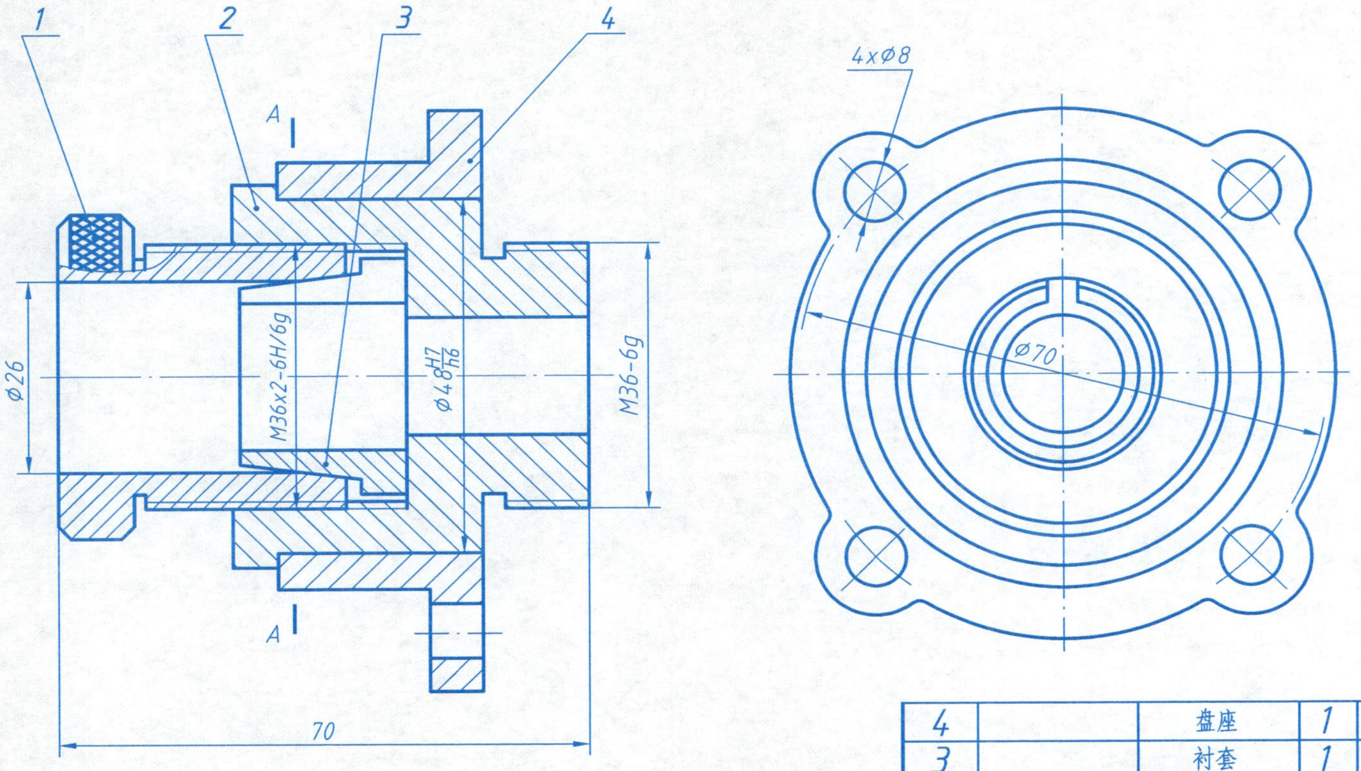

序号	代　号	名　称	数量	材　料	备注
4		盘座	1	45	
3		衬套	1	Q235	
2		夹套	1	Q235	
1		手动压套	1	Q235	

夹线体	比例	1:1	09-00
	材料		
制图			（校名）
审核			

工作原理：

夹线体是将线穿入衬套3中，然后旋转手动压套1，通过螺纹M36x2使手动压套向右移动，沿着锥面接触使衬套向中心收缩（因在衬套上开有槽），从而夹紧线。当衬套夹住线后，还可以与手动压套、夹套2一起在盘座4的Ø48孔中旋转。

读图要求：

1. 读懂“夹线体”装配图；
2. 画出A-A断面图；
3. 拆画零件2夹套。

A—A

夹套	比例	1:1	09-02
	材料		
制图			（校名）
审核			

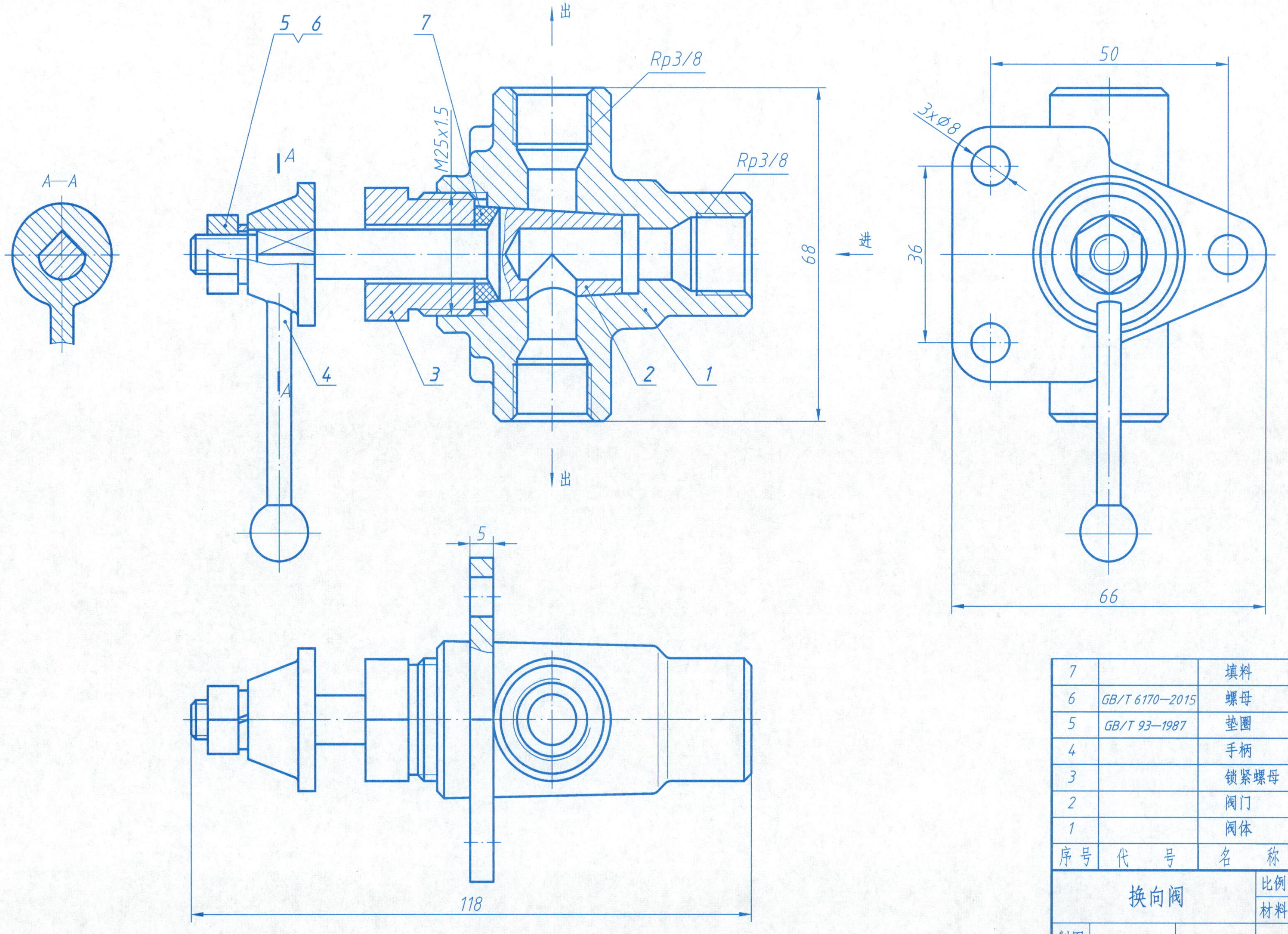

序号	代号	名称	数量	材料	备注
7		填料	1	麻	
6	GB/T 6170—2015	螺母	1	Q235	
5	GB/T 93—1987	垫圈	1	65Mn	
4		手柄	1	HT200	
3		锁紧螺母	1	Q235	
2		阀门	1	HT200	
1		阀体	1	HT200	

换向阀	比例	1:1	11-00
	材料		
制图			
审核			（校 名）

工作原理

换向阀用于流体管路中控制流体的输出方向。在图示情况下，流体从右边进入，因上出口不通，就从下出口流出。当转动手柄4，使阀门2旋转180°时，则下出口不通，就从上出口流出。根据手柄转动角度的大小，还可以调节出口处的流量。

读图要求

1. 读懂换向阀装配图；
2. 拆画零件2阀门和零件3锁紧螺母；
3. 拆画零件1阀体。

锁紧螺母		比例		
		材料		
制图			（校　名）	
审核				

阀门		比例		
		材料		
制图			（校　名）	
审核				

阀体		比例		
		材料		
制图			（校　名）	
审核				

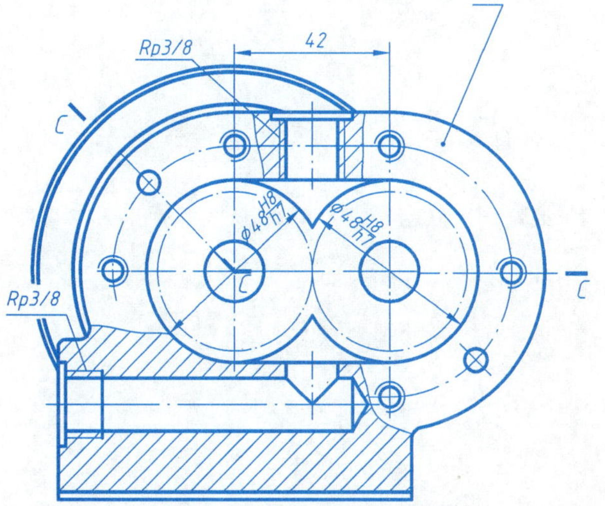

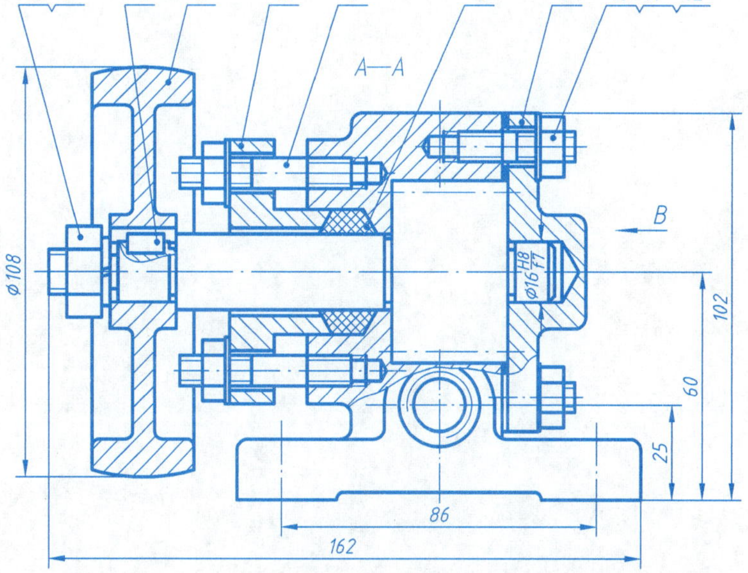

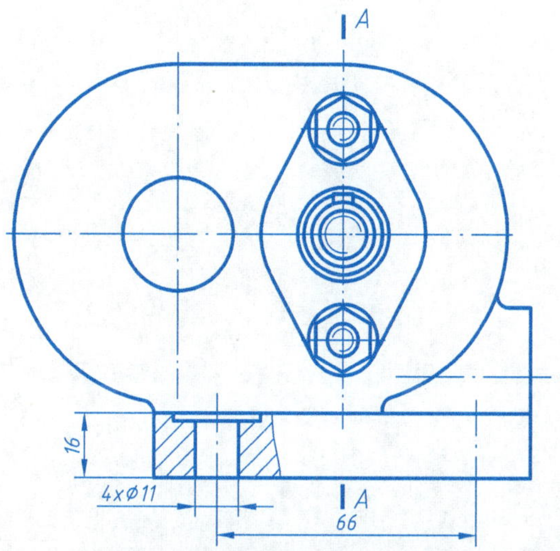

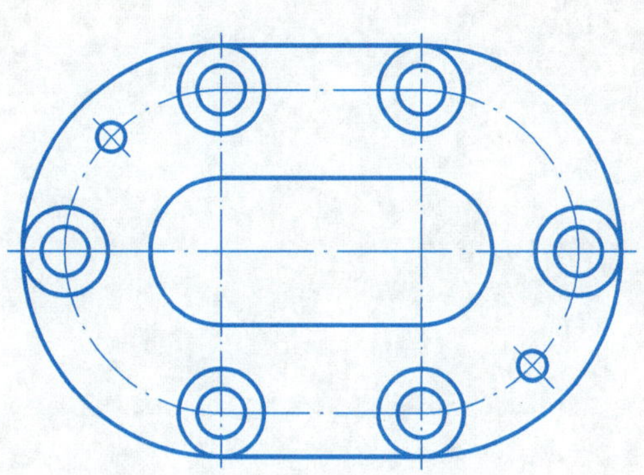

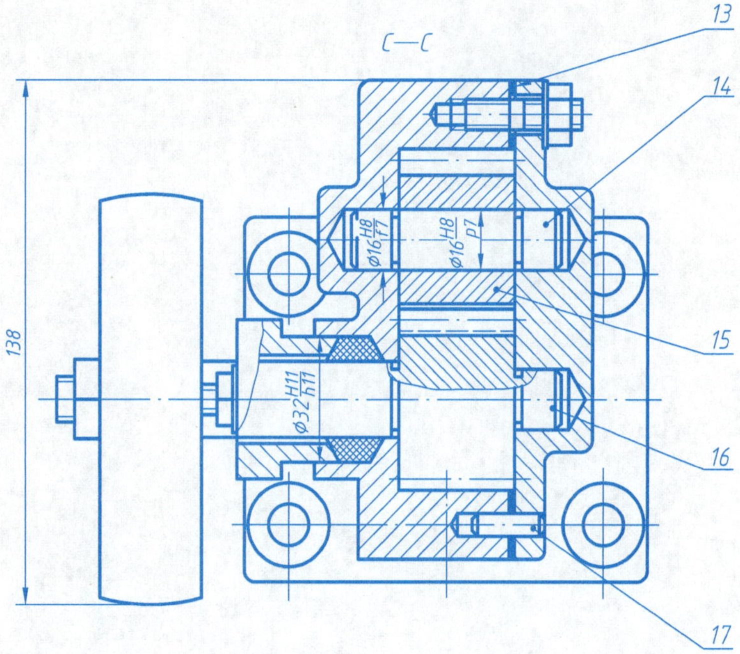

序号	代号	名称	数量	材料	备注
17	GB/T 119.1—2000	销 6m6×20	2	45	
16	m=3,z=14	齿轮轴	1	45	
15	m=3,z=14	齿轮	1	45	
14		轴	1	45	
13		垫片	1	纸	
12	GB/T 899—1988	螺柱 M8×20	6	Q235	
11	GB/T 97.1—2002	垫圈 8	8	Q235	
10	GB/T 6170—2015	螺母 M8	8	Q235	
9		泵盖	1	HT150	
8		填料		麻	
7	GB/T 899—1988	螺柱 M8×35	2	Q235	
6		压盖	1	HT200	
5		带轮	1	HT200	
4	GB/T 1096—2003	键 5×5×10	1	45	
3	GB/T 93—1987	垫圈 12	1	65Mn	
2	GB/T6 170—2015	螺母 M12	1	Q235	
1		泵体	1	HT200	

齿轮泵	比例	1:2	13-00
	材料		
制图			
审核			（校 名）

工作原理

齿轮泵是液压系统或润滑系统中流体加压的部件。从右视图中可见，当齿轮轴16作逆时针方向转动时，齿轮15作顺时针方向转动，在泵体1上方进油处产生局部真空，压力降低，油被吸入，油随齿轮的齿隙被带到下方出油处。当齿轮连续转动时，就产生齿轮泵的加压作用。

读图要求

1. 读懂齿轮泵装配图；
2. 拆画零件9泵盖；
3. 拆画零件1泵体。

（自备方格纸，画出上述零件草图）

技术要求

1. 齿轮泵装配后，齿面接触斑点沿齿宽方向应达到90%，沿齿高方向应达到55%；
2. 各密封处不得泄漏，工作压力不小于30 MPa。

*展开图

班级　　姓名　　学号

1. 分别作出吸气罩的上部正四棱台和下部具有斜截口的正四棱柱的侧面展开图。

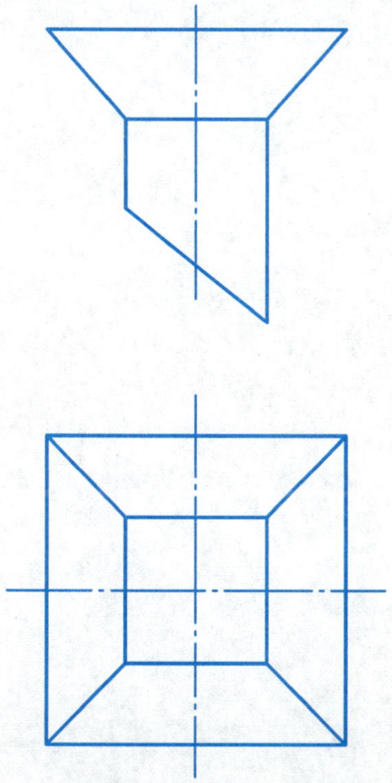

2. 画出斜截口正圆锥管的展开图。

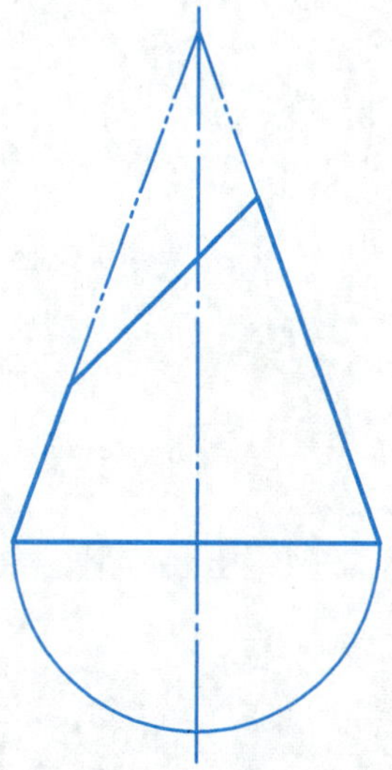

3. 画出五节直角弯管中下部半节的展开图。

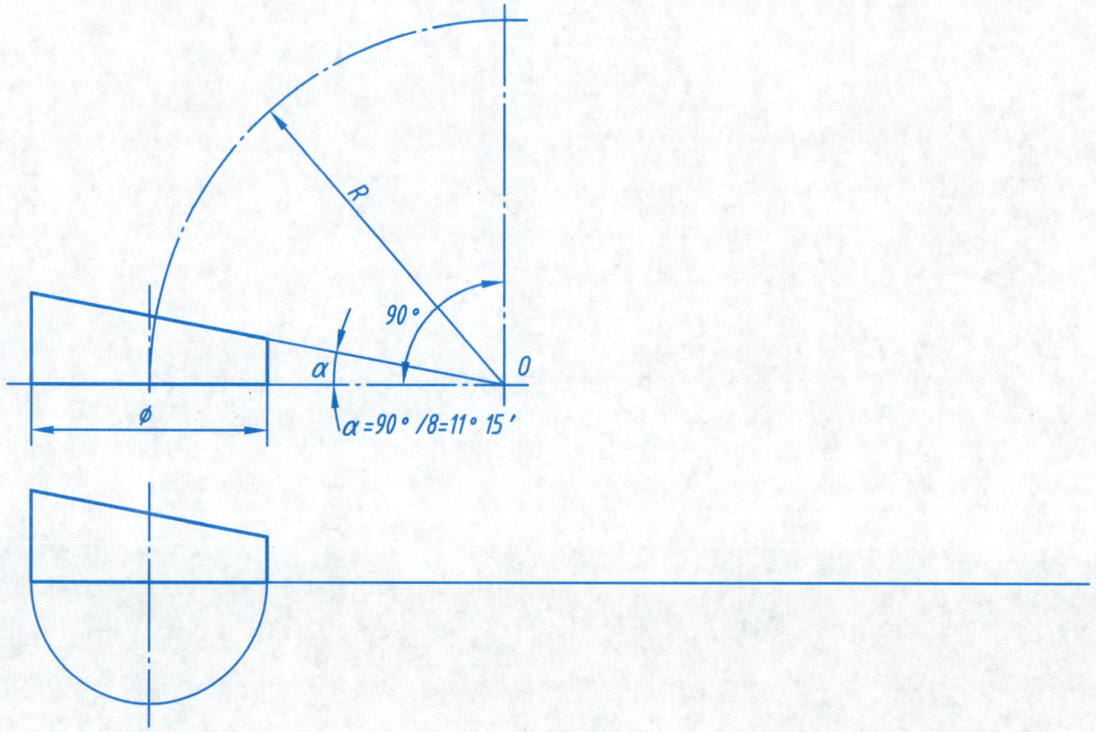

4. 画出矩形口与圆口变形接头的展开图。

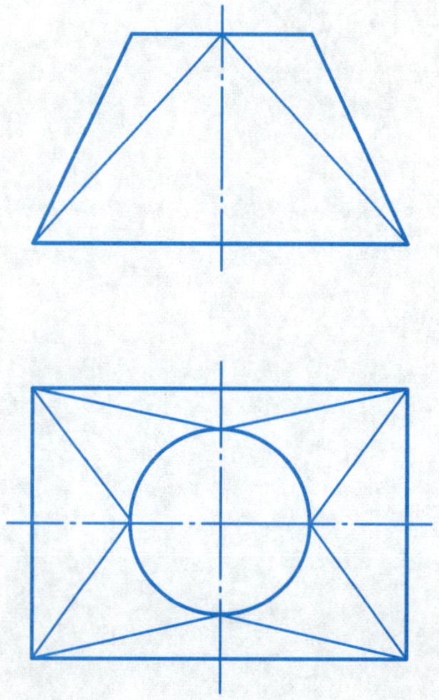

Inventor上机作业　　班级　　姓名　　学号　　

1.

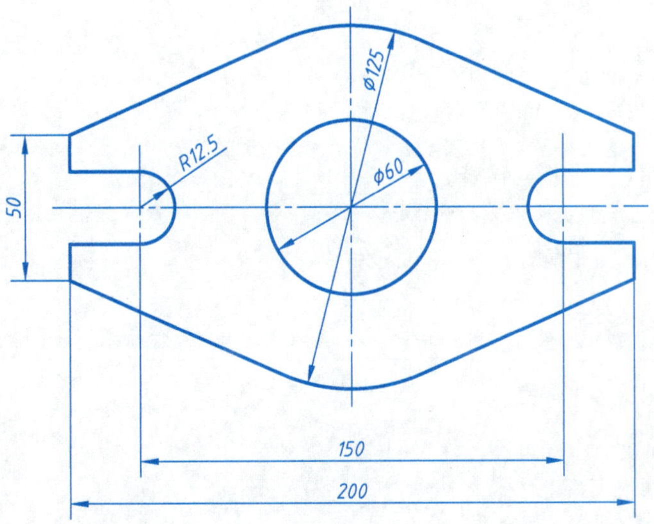

2.

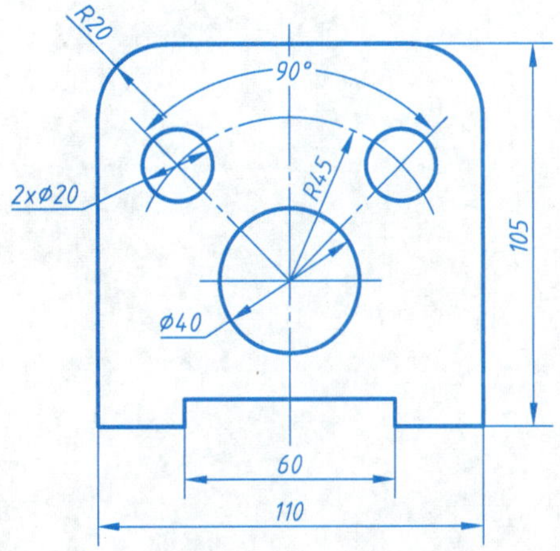

3.

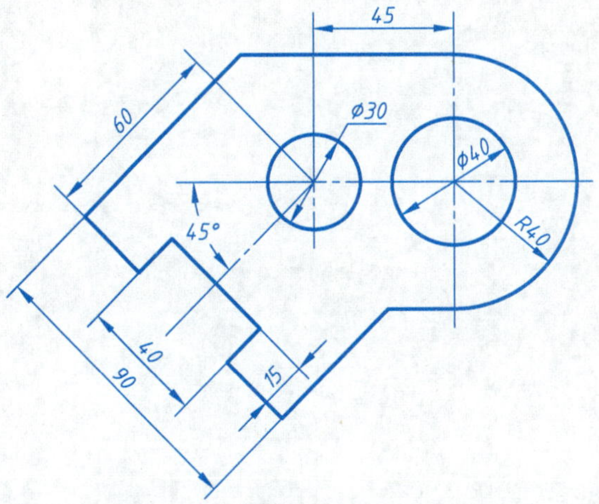

4.

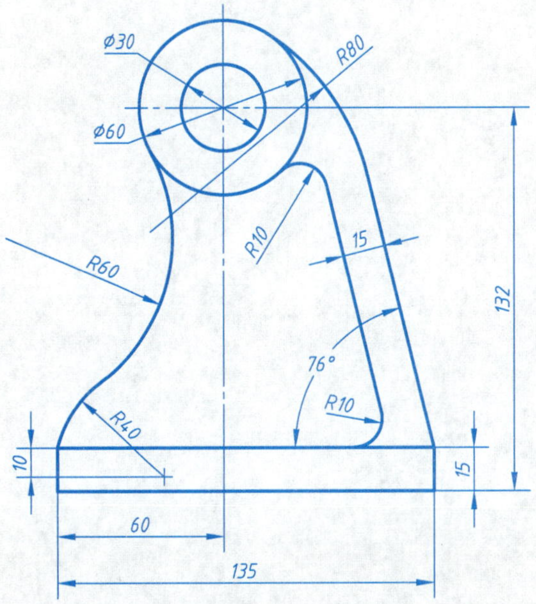

1. 画出左边四个草图，要求全约束。

2. 根据第21页给出的立体图，任选2题建立三维模型，并生成三视图。

3. 根据第28页给出的立体图，任选2题建立三维模型，并生成三视图。

4. 根据第42页给出的三视图，任选1题建立三维模型，并采用适当剖视、断面等机件表达方法生成二维工程图（仅标注尺寸，不标注其他技术要求）。

5. 根据第50～51页给出的零件图，任选1题，建立三维模型，并生成完整的零件工程图。

6. 根据第54～56页的“夹紧卡爪”或“手压阀”的成套零件图，建立零件三维模型，完成装配，并生成装配工程图。